无人机编队飞行表演安全规范

深圳大漠大智控技术有限公司　著

U0195898

西北工业大学出版社

西安

【内容简介】 无人机编队飞行表演的产品属于航空产品范畴,安全稳定是其灵魂。本书借鉴民航安全管理的经验,从飞行表演的全流程实施严格管理,将人员、设备和环境的监测管理放在固化的流程中,经过了深圳大漠大智控技术有限公司 5 000 多场正式表演的实践检验,取得了良好的效果。

本书分为 15 章,从飞机健康保养、人员资质培训、电池专业管理、表演场地规划、气象环境监测、电磁环境监测、通信链路备份频率规划、飞机间距速度设计、飞行法律法规以及飞行表演流程管理等关键环节进行阐述,目标是使飞行表演质量达到 100% 准时起飞率,99.9% 以上图形完美率,99.99% 以上的安全可靠性。

本书可以作为无人机编队表演行业的实用参考书,也可以作为无人机职业技术培训学校的教材或参考书。

图书在版编目(CIP)数据

无人机编队飞行表演安全规范/深圳大漠大智控技术有限公司著. —西安:西北工业大学出版社,2021.10(2023.11 重印)
ISBN 978 - 7 - 5612 - 8010 - 2

Ⅰ.①无… Ⅱ.①深… Ⅲ.①无人驾驶飞机-编队飞行-安全技术-规范 Ⅳ. ①V279 - 65 ②V323.18 - 65

中国版本图书馆 CIP 数据核字(2021)第 209645 号

WURENJI BIANDUI FEIXING BIAOYAN ANQUAN GUIFAN
无人机编队飞行表演安全规范

责任编辑:孙 倩		**策划编辑:**张 晖	
责任校对:朱辰浩		**装帧设计:**李 飞	
出版发行:西北工业大学出版社			
通信地址:西安市友谊西路 127 号		邮编:710072	
电 话:(029)88491757,88493844			
网 址:www.nwpup.com			
印 刷 者:陕西金和印务有限公司			
开 本:720 mm×1 020 mm		1/16	
印 张:7			
字 数:122 千字			
版 次:2021 年 10 月第 1 版		2023 年 11 月第 2 次印刷	
定 价:39.00 元			

如有印装问题请与出版社联系调换

《无人机编队飞行表演安全规范》编委会

主　　编　刘汉斌

副主编　邓江华

撰　　稿　覃海群　吴智鹏　杨小欧　段少华

　　　　　李　浩　陈炳道　彭　灵　王　恒

专家组成员

世界无人机大会主席	杨金才
深圳市公安局治安管理处	邓伟辉　艾蕾蕾
武汉市公安局视频侦查支队	刘　军
深圳市无人机行业协会	王　达　刘　鹏
南京航空航天大学	王志胜
中国人民警察大学（广州）科创中心	韩浩浩　朱　晓

序

　　2016年1月英特尔公司(Intel Corporation)在全球发布第一个100架无人机编队灯光秀,中国无人机企业深圳大漠大智控技术有限公司于2016年7月25日在国内正式完成了首个80架无人机编队飞行灯光秀,创立了中国首个无人机飞行表演团队,并在2016年8月1日与中国人民解放军电视宣传中心国防军事频道合作,完成了无人机夜空炫秀《红星照耀中国》的发布,开创了国内具有里程碑意义的无人机表演先河,开启了中国无人机编队飞行灯光秀产业并推动其健康发展。

　　自2016年8月1日之后,深圳大漠大智控技术有限公司战略聚焦于无人机编队飞行灯光秀产业的技术研发升级,并开启了珠海长隆海洋王国的无人机灯光秀驻场表演,正是在驻场常态化表演的锤炼中,《无人机编队飞行表演安全规范》开始萌芽。

　　自深圳大漠大智控技术有限公司开启无人机编队飞行灯光秀产业之后,国内相继有多家无人机公司进入此行业,先后有多家中国无人机编队企业包括深圳大漠大智控技术有限公司,在这一行业中良性竞争,你追我赶,不断提升技术水平并多次打破由美国和俄罗斯创造的最多无人机同时飞行的吉尼斯世界纪录,推动了中国无人机编队飞行灯光秀事业的蓬勃发展,使得中国无人机编队飞行灯光秀产品和技术在国际上处于领先地位。

　　正如每个新行业的发展都会经历波折起伏一样,无人机编队飞行表演这个新生事物在安全性和可靠性上面临了一系列严峻挑战,网络媒体曝光的一系列无人机飞行表演失误和安全隐患,给这个新的行业的健康发展提出了重大挑战。

　　为了无人机编队飞行灯光秀这个产业健康稳定有序发展,深圳大漠大智控技术有限公司牢牢把握安全这个准绳和生命线,不断探索并完善了《无人机编队飞行表演安全规范》，总结成册并无私推广，是对这个行业的重大贡献。

深圳大漠大智控技术有限公司以民航管理中的重要思想，慎重对待每一次无人机编队飞行表演，同时将每一场飞行表演看成是对产品技术的一次实时测试与研发迭代，不断完善并形成了《无人机编队飞行表演安全规范》，创造了连续 5 000 多场次正式表演零失误的行业纪录，同时于 2020 年 9 月，以单一地面站控制 3 051 架无人机的纪录创下了新的"最多无人机同时飞行"吉尼斯世界纪录。因而先后连续三年参加中央电视台春晚，并被中央广播电视总台指定为国家重大节庆活动战略合作高科技团队，先后参加了中央电视台"七夕晚会""五一晚会""庆祝首个中国人民警察节晚会"等，并代表中国参加了 2019 年俄罗斯国际航空展，2021 年正式代表中国参加迪拜世博会，成为"2020 年迪拜世博会中国馆官方合作伙伴"，多次受到中央电视台、解放军和公安部等多个国家单位，以及深圳市、武汉市、珠海市等各级政府的表彰，并荣获公安部颁发的"隆重庆祝中国首个警察节演出突出贡献"奖牌。

多年来，深圳大漠大智控技术有限公司高度重视并聚焦无人机编队核心技术研发，以其独有的高科技专利不断提升无人机编队表演的技术水平和安全性，推动了无人机编队飞行灯光秀的常态化普及，并在文旅和主题公园表演市场占有 70% 以上的市场份额，是无人机编队灯光秀表演常态化及《无人机编队飞行表演安全规范》强有力的推动者和标杆示范者，其高度安全稳定的表演，得到业界权威机构高度认可和同行充分肯定。

我们深信《无人机编队飞行表演安全规范》的出版发行，对整个行业来说是春风化雨，值得各个无人机编队公司和表演执行团队学习推广，以推动无人机编队灯光秀这一产业健康发展。

法国欧洲科学院院士
世界无人机大会主席

2021 年 9 月

前　　言

2017 年 7 月,深圳大漠大飞行表演执行团队在珠海长隆海洋王国开始国内第一个无人机编队飞行驻场常态化表演,《无人机编队飞行表演安全规范》开始萌芽,经过 4 年 5 000 多场商业飞行表演实践的不断探索总结,形成了今天的版本。

纸上得来终觉浅,是非经过不知难。团队刚开始进驻珠海长隆海洋王国时,经历了严峻的考验。珠海长隆海洋王国是国际化高水平管理的全球知名主题公园,对我们的飞行表演提出了高标准要求,每次必须卡准起飞时间以确保与音乐的严格对准,对起风、下雨的飞行气象标准必须要求给出量化指标,核心就是尽一切可能保证为游客提供精彩演出,同时为了严格确保每一名游客的人身安全,要求飞行表演执行团队设置应急预案和应急降落点。珠海长隆海洋王国在安保方案上给予了全力配合,对于表演中每一架出现故障的飞机,必须进行实时记录并做出故障报告,要求找出具体原因以保证下一次演出更安全、完美。这些管理标准要求我们必须追溯每一个影响飞行表演安全的细节要素,甚至包括对工作现场的环境整洁、飞行人员的饮食起居及行为举止都做了规范的要求。

可以说正是珠海长隆海洋王国的驻场表演催生了这一规范的建立和完善,如果这一飞行表演安全规范不在其他飞行表演项目中推广验证,就不可能成为我们执行团队都执行的飞行规范,也就不可能确保我们每一次正式商演的零失误。规范刚开始在公司的单次表演中推行时，大家都为执行细节极其烦琐而抵触，幸好公司负责人有着 10 多年有人驾驶飞机的通用航空管理经验，坚决要求以通用航空的管理标准来管理每一次无人机编队表演，并要求公司的每一个单次表演项目和主题公园驻场项目严格遵守这一规范标准，对在每一次飞行中出现的故障现象都要严格记录，并要求研发和技术部门给出原因和解决方案，正是这一增强回路的不断正向循环迭代，使得我们《无人机编队飞行表演安全规范》和我们的产品不断完善，规范成为每一名执行人员的日常工作习惯，确保了表演工作的圆满顺利，使我们从必然王国走向自由王国。

实践出真知，规范出效果，今天我们希望将这一企业规范出版，分享给无人机编队表演和无人机服务行业的同行，为推动无人机编队表演行业和无人机产业的健康发展做一些有益的事。

本书分为 15 章，从飞机、锂电池、数据链、电磁环境、气象环境、飞行场地、人员培训、表演流程和法律法规等方面给出了具体规定，由深圳大漠大智控技术有限公司进行起草完善。

笔者对珠海长隆海洋王国表示由衷的敬意，也向本书参考文献的各位作者表示诚挚的谢意。

由于水平有限，书中不妥之处在所难免，敬请同行专家和广大读者予以指正。

著　者
2021 年 9 月

目　　录

第1章 无人机编队飞行灯光秀系统简介

无人机编队技术是一个跨专业的复杂系统,技术涵盖多旋翼飞机、自动控制、无线通信、航迹规划及三维(3-Dimensional,3D)建模与仿真、发光二极管(Light Emitting Diode,LED)灯光编程等专业。

1.1 无人机编队飞行灯光秀系统构成

无人机编队飞行表演系统按功能组成来划分,可分为如下部分:

(1)编队飞机:四旋翼小型飞机,包含嵌入式飞控系统,外挂全彩色的高亮度LED灯。

(2)通信设备:包含远距离无线网络(WIFI)飞控数据链(兼容5.8 GHz/2.4 GHz频段)、地面以太网交换机和RTK(Real-Time Kinematic)差分电台(860 MHz频段)。

(3)差分定位基站:实时差分定位载波相位实时动态差分基站,将基站的载波相位发送给移动站(编队飞机),实现编队飞机的厘米级卫星定位精度的求解。

(4)集群地面站:笔记本电脑和集群地面站软件,是无人机编队飞行灯光秀关键部分。

(5)遥控器:飞手在紧急情况下对故障飞机进行手动遥控返航。

(6)辅助设备:便携不间断电源(Uninterruptible Power Supply,UPS)、频谱仪、风速仪和对讲机等。

上述部分共同组成了无人机编队飞行灯光秀系统,系统的各部件之间通过有线或者无线进行连接,具体的连接方式如图1-1所示。

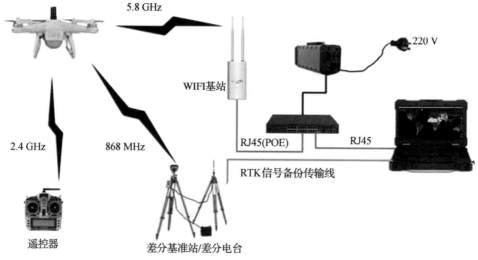

图 1-1 编队飞行连接系统

该系统按软件和硬件设备来划分,可以分为以下几种。

1. 硬件系统(见图 1-2)

飞机系统:包含机架、飞控、桨叶和遥控器。

电池系统:包含电池、充电器和测电器。

网络系统:包含交换机、无线接入点(Access Point,AP)、网线和三脚架。

差分系统:包含基站、差分电台和差分中继转发电台。

配套设备:包含便携式频谱仪、对讲机、风速仪、UPS、电源插排、防雨布和卷尺。

图 1-2 硬件系统

2. 软件系统

为了提高编队飞行表演效率和安全性,深圳大漠大智控技术有限公司对表演环境进行仿真,使用两款仿真软件:一是剧本设计仿真软件,二是集群地面站仿真软件。这两款软件均可构建以实际地形为依据的真实场景,实现 3D 效果的预览,以保证实际飞行过程中飞机的轨迹不发生交叉碰撞,同时确保飞机能够完全避开高层建筑等障碍物,避免发生各种意外。

剧本设计仿真软件(见图 1-3)包含 3D 建模、地图导航、航线规划、速度检测、碰撞检测、灯光编程、起降设置、一键导出和剧本应用等菜单功能模块。

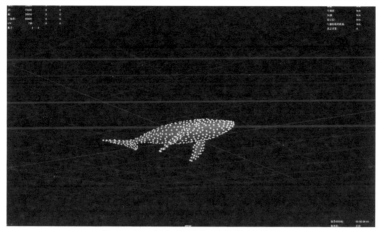

图 1-3　剧本设计仿真软件示意图

集群地面站仿真软件如图 1-4 所示,包含 3D 仿真控制、表演状态监测、地图导航、航线规划、任务管理、单机控制、集群控制、调试设置、初始设置和飞机固件等菜单功能模块。

图 1-4　集群地面站仿真软件示意图

1.2 无人机灯光秀飞行表演执行人员角色分工

在执行无人机编队飞行表演的过程中,为了使执行过程更加顺畅、规范,将所有的执行人员进行角色分工,分为项目执行总指挥、地面站操控手、飞手、地勤等,这些角色的具体工作内容如下:

(1)项目执行总指挥:汇总现场总体信息,对整个表演进行规划决策,对现场安全和应急预案进行管理,对整个表演过程进行协调。

(2)地面站操控手:对整个表演流程进行 3D 仿真检查,对整个表演流程进行指挥,对飞行异常情况进行监控并发出应急指令。

(3)飞手:根据地面站操控手的指令,对飞机进行检查,对飞机状态进行观察,并在接收到应急指令的情况下对故障飞机进行手控救机。

(4)地勤:进行飞机收纳摆放、电池充电、飞机辅助检查。

1.3 无人机灯光秀飞行表演全流程

无人机编队灯光秀表演已经形成了具体的流程规范,具体细节将在后面章节详细阐述,按照逻辑顺序排列如下:

(1)飞行表演场地勘测及报告编写;

(2)表演空域禁飞管制确认;

(3)商业谈判与合同签署;

(4)场地空域委托函开具及空域申请;

(5)艺术设计与剧本编程;

(6)商业保险购买;

(7)安保方案制定与公安报备;

(8)设备运输与储存;

(9)飞机与设备现场检查;

(10)飞机锂电池充电;

(11)飞机摆放与辅助设备部署;

(12)飞机及设备参数检查与参数设置；

(13)表演剧本加载和现场 3D 仿真检测；

(14)安保确认及气象和电磁环境监测；

(15)表演前逐项检查放飞表,并确认(签字)；

(16)小架次边框测试验证；

(17)彩排表演或正式表演(表演过程含应急流程响应)；

(18)表演完毕设备收纳；

(19)填写表演质量汇总表及故障飞机 Log 日志上传；

(20)设备运输返回。

第 2 章　无人机编队飞行表演安全概述

无人机编队飞行表演的产品属于航空产品范畴,安全是产品设计、生产和使用的灵魂。

从航空航天系统的可靠性和安全性范畴来看,可靠性是指设备故障概率,安全性是指出现飞机失事概率,这两者是有区别的。根据国际权威机构数据来看,近 10 年来,民用航空飞行架次中飞机损失事故率为 0.43 次/百万架次,而中国民航近 10 年运输航空百万架次,重大事故率为 0.036,是同期世界水平的1/12。中国民航的航空安全拥有可持续的、系统的安全管理制度、运行和监控体系,处于国际领先水平。民航飞机随着技术的不断进步、经验的不断积累、人员素质和管理水平的不断提升,民航安全可靠性如今已经提升到 99.999 999%,而航天火箭发射的成功率要低一些,目前世界先进水平的可靠性为 99%。

分析民航飞机失事的原因,主要包括飞机设备故障、人为操作失误、气象环境因素,也有人为蓄意破坏等极端因素。统计历史上航空和航天系统故障,大体有 3 类:

(1)超过 60%的安全事故与人的因素相关;

(2)10%左右的安全事故与环境因素有关;

(3)30%左右的安全事故与飞机设备故障有关。

这些失事原因对于无人机编队飞行表演的安全性来说具有重大参考价值。深圳大漠大无人机编队飞行表演的产品不仅融入了可靠性设计理念(如关键部件的热备份),还在飞行表演的全流程中实施规范的管理,将人员、设备和环境的评测与检查放在固化的监测流程中,确保编队飞行表演的安全性,因此在无人机编队飞行表演的规范中有以下规定:

(1) 对执行无人机编队飞行表演的工程师进行严格认证和培训考核。

(2) 对无人机编队飞行表演的飞机、辅助设备及关键模块进行例行化的健康检查。

（3）对无人机编队飞行表演所处的场地环境、电磁环境和气象环境进行实时监测和安全评估。

（4）对无人机编队飞行表演过程中可能出现的意外突发情况进行预案与应急演练，包括飞行工程师手动接管编队中的故障飞机等。

评价一个无人机编队飞行表演技术可靠性的 3 个重要关键指标是：

（1）表演准时起飞率：无人机编队飞行表演起飞准时率要求达到 100%。

（2）图形完美率：要求达到 99.9% 及以上。

（3）安全可靠性：要求在天空中表演的飞机的安全可靠性达到 99.99%，平均摔机率小于 1/10 000。

在进行无人机编队飞行表演的时候，为了达到上述的 3 个重要关键指标，深圳大漠大智控技术有限公司做了相关的技术规范声明。技术规范声明有以下 6 点：

（1）禁止没有获得中国航空器拥有者及驾驶者协会（Aircraft Owners and Pilots Association of China，AOPA）或中国航空运动协会（Aero Sports Federation of China，ASFC)颁发的证书，且没有经深圳大漠大智控技术有限公司认证培训并颁发合格证书的人员操作大漠大集群产品。

（2）操作本产品时，禁止人员出现在飞行轨迹的正下方相关区域，包括起飞、降落、表演及往返轨迹正下方及外延 15 m 区域。

（3）无人机编队飞行表演一定要遵守国家区域相关法律和法规，反对和禁止一切没有合格申报和审批的飞行表演。

（4）无人机编队飞行表演禁止在超过飞行规范的气象条件(大风、雨雪、超低温、超高温、雷电)、电磁条件［全球定位系统（Global Positioning System，GPS）信号严重干扰、GPS 收信很差、通信信道被严重干扰］下进行。

（5）表演人员不得在饮酒、药物麻醉、头晕、乏力、恶心等身体状况不佳或精神状态不佳的情况下操作无人机。

（6）在编队表演时，要求编队飞行表演操作人员严格按照本规范规定的编队飞行表演的流程和步骤进行，如果没有强烈的安全意识，错误的操作会造成飞机产品损坏，导致对自身和他人的人身造成严重伤害，造成第三方财产损失。

第3章 地方性法规与飞行安全

随着市场需求的增长与价格持续亲民化,我国无人机编队飞行灯光秀市场得以快速发展。当前,国家出台了一系列政策,大力扶持无人机尤其是民用无人机产业的发展,进一步激发了无人机应用市场的巨大增长潜力,拓展了无人机下游应用领域,其中包括无人机编队灯光秀产业,助力经济结构的转型升级,培育无人机产业经济增长点。

从航空政策上看,国家先后出台了《关于加快培育和发展战略性新兴产业的决定》《民用航空工业中长期发展规划(2013—2020年)》《关于深化我国低空空域管理改革的意见》等政策,将航空产业列入国家战略性新兴产业发展重点方向,有序开放低空空域,引导支持航空装备制造业和相关产业做大做强。

从出台的对于无人机行业政策上看:2016年国务院发布了《"十三五"国家战略性新兴产业发展规划》,明确提出将无人机作为发展重点之一。2017年,工业和信息化部发布《关于促进和规范民用无人机制造业发展的指导意见》,明确提出到2020年,民用无人机产业持续快速发展,产值达到600亿元,年均增速40%以上;到2025年,民用无人机产值达到1 800亿元,年均增速25%以上。2019年,教育部将无人机相关专业列入《中等职业学校专业目录》,为无人机行业的发展提供充足的人才储备。在国家战略的引领下,各地方政府也相继出台了相关发展规划,积极扶持无人机行业的发展。国家政策导向和地方政府的务实推进,正在大力推动我国无人机行业的发展,催生出巨大的经济效益。

无人机的广泛普及虽然推动了各行各业的全新变革,但是由于法律体系、市场监管体系不够健全,以及其他因素的影响,无人机扰航、威胁公共安全的事件频频发生,造成了较为恶劣的影响。2017年以来,特别是我国西南地区无人机扰航事件频发之后,国家以强化监管和标准完善为主轴,相继发布了一系列关于无人机管理、规范、应用等方面的法律法规和通知公告,且多部门联合发力,对无人机行业加强监管。

尽管如此,无人机未经许可闯入公共及敏感区域、意外坠落、影响客机正常起降、碰撞高层建筑等"黑飞"事件时有发生,给社会正常生产生活秩序与居民人身安全带来一定的威胁,相应的隐私问题也引发了相关关注。种种现象表明,加强无人机监管以引导行业健康有序可持续发展势在必行。

目前,我国无人机研制、销售、使用与出口的相关管理部门主要包括中国民用航空局、工业和信息化部、商务部及海关总署、中国无人机产业联盟和深圳无人机协会等。

我国民航局规定,无人机只能在低空且专门分配给无人机系统运行的隔离空域飞行,不能在有人驾驶航空器运行的融合空域飞行;飞行前还要向空管部门申请飞行空域和计划,得到批准后才能行动。在此背景下,各部门和地方政府加紧出台无人机行业相关监管政策,从不同角度和多个环节对无人机的发展进行规范引导。

近年来中国民航局、工业和信息化部等陆续发布了关于无人机生产制造、驾驶证登记注册和空中飞行管理等的相关政策,如 2019 年中国民航局飞行标准司修订了咨询通告《轻小无人机运行规定》,以进一步规范轻小无人机运行;2020 年 3 月 20 日,工业和信息化部装备二司公开征求对《民用无人机生产制造管理办法(征求意见稿)》的意见,以规范民用无人机生产制造相关活动,维护国家安全、公共安全、飞行安全,促进民用无人机产业健康有序发展。

与此同时,无人机行业相关立法工作也取得了重大进展。2020 年 7 月,国务院办公厅正式印发《国务院 2020 年立法工作计划》,明确将《无人驾驶航空器飞行管理暂行条例》的制订纳入国务院 2020 年立法工作计划。该条例指出,民用无人机制造的行业管理部门由国务院工业主管部门负责,运行和运营管理部门由民用航空主管部门即民航局负责,产品认证与监督由市场监督管理局负责。

在政策监管重点上,2019 年的政策重点在于无人机运行和空中飞行方面的管理,2020 年的政策主要聚焦在无人机的产品和配套设施管理上。这些重大监管政策的出台和相关立法工作的开展完善了无人机行业的运行体制机制,进一步规范了无人机行业的合法化运行,并推动民用无人机行业步入强监管阶段。

与国家相关发展战略和监管政策相呼应,各地地方政府和立法部门也积极加紧开展相关监管政策的研究出台和落地实行,督促相关企业合规合法生产经营,确保无人机行业安全、有序、可持续发展,控制"黑飞"现象蔓延的趋势,加强对无人机行业的监管,推动行业健康、有序发展。

全国各地发布的无人机管理具体的相关政策如下:

2020年4月,国务院、中央军委空中交通管制委员会出台《无人驾驶航空器专项整治方案》。5月开始,各地方省市和相关单位也陆续推出无人机管理条例或意见草案,以及划设禁飞区、可飞区的规定,以加强本地区无人机综合管治。

2020年5月,海南省表态,将进一步推动立法进程,尽快出台该省的《通用航空管理条例》,以对无人机实名制以及合理飞行做出规定。

2020年6月,四川省法制办在其网站公布了《四川省民用无人驾驶航空器安全管理办法》(征求意见稿),开始征求社会公众意见。其中规定,在四川省行政区域内从事民用无人驾驶航空器的生产、销售、使用及安全管理活动,应当遵守本办法。

2020年7月,陕西省公布无人驾驶航空器可飞空域划设方案,明确规定,在陕西省范围内开展无人驾驶航空器飞行活动,应当在飞行前一天15:00之前向相关部队航空管制部门或民航空中管制部门提出申请,经批准后方可实施。

2020年7月,广东省发布无人机使用新规定,在广东省行政区域内使用无人机等"低、慢、小"航空器,须遵守有关法律、法规、规章和管理规定,履行适航资格、飞行资质、计划申报等相关手续,航拍车站、公园等区域须提前申请。

2020年8月,佳木斯市人民政府以政府规范性文件的形式,正式面向社会发布了《关于加强佳木斯地区"低、慢、小"航空器管理工作的通告》。通告中明确了佳木斯市机场净空保护区范围,并对"低、慢、小"航空器的定义进行了全面阐释,明确了"低、慢、小"航空器及其他升空物体管理执法主体及其法律法规依据,严禁"低、慢、小"航空器及其他升空物体擅自放飞及飞行。

2020年9月,《无锡市民用无人驾驶航空器管理办法》正式实施。其中规定,未报告起飞位置的、超过飞行高度和范围的、在禁飞区域内飞行的,由公安机关分别处以3 000元以上30 000元以下的罚款。

2020年9月,《山西省无线电管理条例》正式实施。条例规定,今后无人机市区内高空飞行区域最高为120 m。

2020年9月,钦州市公安局出台了《关于加强钦州市民用无人机等"低、慢、小"航空器安全管理工作的通告》,要求无人机飞行须提前申请,不得在公共区域及敏感地区升空。

2020 年 9 月,辽宁省印发《关于加强无人驾驶航空器管理维护公共安全的通告》,明确提出,任何单位、组织和个人禁止在各地公布的民用机场净空保护区、政府机关、军事机关、军事设施、外国使领馆、水电油气设施、危化品单位等重要区域,以及机场车站、港口码头、景点商圈等人员稠密区域、大型活动、重要赛事现场、政府临时公告的禁止飞行区域飞行无人驾驶航空器。

2020 年 9 月,上海市浦东、虹桥两机场分别明确障碍物限制面保护范围,严禁任何单位、团体和个人在相关范围内进行无人机、航空模型等未经批准的飞行活动。

2020 年 9 月,武汉市、湖北省民航监管局公布了武汉天河机场在武汉市域内的净空保护核心区范围,规定在该区域内禁飞无人机及其他无人驾驶航空器等,该规定涉及武汉市黄陂、东西湖、硚口、汉阳四城区。

2020 年 10 月,湖北省印发了《湖北省无人驾驶航空器专项整治联防联控工作实施方案》。方案指出,2020 年 11 月底前,完成全省无人驾驶航空器专项整治联防联控的阶段性整治任务。在集中整治的基础上,进一步建立健全联防联控工作机制。从生产、销售、使用、监管等环节入手,逐步构建无人驾驶航空器管控体系,有效遏制消费级无人驾驶航空器违法违规的飞行问题。

2020 年 11 月,《浙江省小型无人驾驶航空器安全管理条例(草案)》明确了小型无人机的监管对象、禁飞区域、法律责任等,并要求实行实名登记管理制度。同时提出,由公安机关会同民航、体育等部门建立健全实名登记管理制度。250 g 以上、25 kg 以下的小型无人驾驶航空器要实行实名登记管理制度,实名登记系统依托政府网站建设。

2020 年 12 月,《贵州省高速铁路安全管理规定》明确规定,高速铁路线路路堤坡脚、路堑坡顶或者铁路桥梁外侧起 500 m 内,禁止升放孔明灯、无人飞机、小航空器、动力伞等低空飞行物。

2020 年 12 月,《重庆市民用无人驾驶航空器管理暂行办法》正式施行。办法规定,重庆市民除在购买和使用无人机须实名登记外,未经批准,机场净空保护区域、商圈、车站、公园等区域,严禁进行无人机飞行。

根据国家及地方政策要求,进行无人机编队的正常飞行,是实现安全飞行的第一步。任何不遵照国家及地方要求的飞行,都是"黑飞",是安全飞行的隐患,将受到严惩。对空中飞行位置设立禁飞区域以及限飞区域,禁止禁飞区域内飞行所有无人机产品。对于限飞区域,活动方需要递交相关管制部门的允飞文件,才可以临时开通,做到任何一场飞行都是合法合规的飞行。

作为"无人机之都"的深圳市,在无人机飞行管理方面走在前列。2018 年,深圳市公布了《深圳地区无人机飞行管理试点工作实施方案》和《深圳地区无人机飞行管理实施办法(暂行)》,并配套推出了无人机综合监管平台,这是我国首个无人机综合监管平台,标志着空地联合、管放结合、多部门协同管理无人机的试点工作进入试运行阶段。2019 年 1 月 2 日,深圳市审议通过了《深圳市民用微轻型无人机管理暂行办法》,该办法从生产和销售管理、飞行管理及法律责任三方面出发,明确了企业与飞手责任、禁飞区域、飞行审批管理以及法律责任等,通过规范生产、销售和使用,预防事故、明确责任,有效引导无人机合法飞行、合理应用。

深圳市无人机行业协会在推动深圳市、全国、乃至全球无人机产业的健康发展中做出了巨大努力,取得了一系列重大成果,为全球无人机产业的健康快速发展做出了重大贡献。该协会积极响应国家号召,针对无人机的应用特别是安全性要求,组织各方面行业专家,制定了系列技术规范,在 2019 年 4 月 24 日,发布了 T/SZUAVIA-002-#2019《多旋翼无人机系统安全性分析规范》,就无人机系统的安全等级分类(Ⅰ/Ⅱ/Ⅲ/Ⅳ)、危险的诱因分类、可靠性分析方法、安全性评估方法等做了详细的规定,为行业发展提供了全面的指南,对无人机编队飞行安全规范也有重大参考和指导意义。

第4章　飞机健康保养与飞行安全

无人机起飞质量在 250 g(含)以上,就必须根据中国民用航空局发布的《民用无人驾驶航空器实名制登记管理规定》进行实名登记注册,深圳大漠大无人机 DMD-M400W V1.1 飞机质量为 1.2 kg,深圳大漠大智控技术有限公司已获得中国民航局颁发的无人机运营许可证,并对每一架无人机进行实名登记,同时深圳大漠大智控技术有限公司获得 CAAC 颁发的商业许可。无人机实名登记证书如图 4-1(a)所示,CAAC 商业许可如图 4-1(b)所示。

(a)　　　　　　　　　　　　　　(b)

图 4-1　夫人机实名登记证书和 CAAC 商业许可

(a)无人机实名登记证书;(b)CAAC 商业许可

为保障无人机编队中每架飞机的健康,深圳大漠大在集群飞行控制系统软件设有专门的程序模块,对航姿解算、GPS 信号、电池电压、通信信号、飞行模式、电机、电调等进行全面自检,不合格的飞机被剔除或被替换。

良好的无人机存储环境是无人机健康保养的前提,无人机存储的温度应在 15~30℃之间,相对湿度为 10%,注意飞机之间需要足够的空间,避免飞机堆叠,避免重要部件碰撞损坏。

本规范将飞机健康保养分为四种类型:飞行前维护、飞行后维护、定期维护和特种维护。

4.1 飞行前维护

常规的飞行前维护可以检查出大部分可观察到的问题,如螺旋桨残缺、电机座松动和脚架开裂等。飞行前维护属于简单维护,涉及简单零件的更换,不包括复杂组合件的更换,是无人机预防故障所采取的必要措施。通过对无人机进行检查、设备测试和更换,可以防止功能性故障发生,保证无人机在飞行表演前达到规定状态,降低产品失效的概率,防止功能退化。

在无人机集群表演前对无人机设备进行检查,如图 4-2 所示。

图 4-2　无人机设备检查

依据飞行表演流程中点检表进行检查维护,检查细项见表 4-1。

表 4-1　检查细项

序号	工作内容	检查内容
1	差分设备检查并充电	基站,电台,转发,基准站转接线,USB 转 RS232 线,银色玻璃钢天线,天线转接线 0.5 m,天线转接线 1 m,一分二连接线,电台充电设备,三脚架,天线卡座
2	电池充电	待充和满电分区域放,确保电池压差都是小于或等于 0.03 V,电压大于 12.5 V

续表

序号	工作内容	检查内容
3	对讲机、头灯、风速仪维护及充电	确保每个对讲机、头灯及风速仪电量充足并能正常使用
4	对讲机、头灯分发和回收	头灯和对讲机给每个人前先测试设备能正常使用
5	雨布预备和确认	确认雨布正常,且突遇阴雨天气,可快速使用雨布遮蔽飞机
6	地面站网络设备架设	AP架设好,电脑开机至准备状态,把有问题和可能有问题的飞机替换或剔除
7	差分基站、差分天线架设	架设相应的位置后仔细检查接线,电池电量是否正常可用,电网线是否正常无破损,摆放牢固安全,备用设备就近正常
8	地面站围栏设备摆放	使用围栏等设备将地面站围蔽,预防外界因素的干扰
9	责任到人,检查飞机摆放编号、螺旋桨、天线、电池	(1)检查飞机启动正常,按项目负责人要求摆放飞机; (2)飞机各处检查,确认无脱落部件; (3)飞机桨叶完整,旋拧牢固检查,桨叶无打草,反转无异常; (4)飞机电池卡扣扣紧,与电池仓无明显缝隙
10	对频检查	(1)飞机已经正常对频,遥控器正常控制到每一架飞机; (2)飞机异常情况下,负责将飞机安全拯救下来

4.2 飞行后维护

　　每次飞行结束,飞行团队都会对无人机做飞行后例行检查和维护,对于故障飞机,要求将 Log 日志回传给研发技术支持中心进行故障诊断;对于电池也要进行电压电量测试筛选;对于其他正常完成表演的飞机要进行例行检查,图 4-3 为飞行后维护。

图 4-3　飞行后维护

4.3 定 期 维 护

　　为确保飞行安全,使飞机持续工作在最佳状态,深圳大漠大智控技术有限公司要求无人机连续飞行累计超过 50 h 或经历 30 天飞行后进行一次定期维护。

4.3.1 飞机维护

1.无人机存储

　　无人机放置在配套的航空箱中,通信设备以及其他配套设备需要放置在特定的箱子中,做到防雨防尘防火,如图 4-4 所示。无人机存储的温度应在 15~30℃之间,相对湿度为 10%。

图 4 - 4　无人机存储

2. 检查机身

（1）检查机身各螺丝位置的螺丝是否牢靠。

（2）机身编号标签、镭雕文字以及二维码清晰可见，外观干净整洁，无明显脏污，无错乱残留标签。

（3）检查机身结构上是否出现裂纹以及破损，灯罩是否固定牢靠，散热孔是否正常通气，确认没有破损。

（4）检查起落架的天线位置是否有带导电介质的贴纸影响信号，如果存在的话需要清除。

（5）检查飞机脚架螺丝、缓冲垫是否完整无破损、位置对称，无人机放置在平整地面上时两边脚架和地面无明显间隙。

3. 检查电机

（1）检查电机转子的松动情况。

（2）不安装螺旋桨启动电机，听声音，若出现异音，则可能是轴承磨损，需要更换电机。

（3）不安装螺旋桨启动电机，看电机转子的边缘以及轴在转动中是否同心，以及是否有较大震动。若出现较大震动，应联系厂家返修更换电机。

（4）检查电机壳下方的缝隙是否均匀，以判断电机壳是否变形。若出现变形，应返修更换电机。

(5)检查电机下方固定螺丝是否稳固,周围塑料若有磨损,则需要更换零件。检查零件是否出现裂缝。螺丝松动应使用螺丝刀拧紧,若塑料件出现裂缝,应联系返修。

4. 检查桨叶

(1)检查桨叶外观是否有弯折、破损、裂缝等,有此问题的螺旋桨应弃用。

(2)将螺旋桨安装于电机上,将电机启动并将飞机停留在地面上,在飞机 1 m 以外的地方观察每个螺旋桨在转动过程中是否出现双层现象,此现象常被称为双桨,严重时会引起飞机的震动。出现此问题的螺旋桨,若无法修复,应弃用。

(3)检查桨叶保护罩是否出现破损、裂纹,如存在此问题应弃用。

5. 检查惯性测量单元(Inertial Measurement Unit,IMU)/电调/遥控器接收机/气压计检测

(1)无人机重新校正磁罗盘以及加速度计。

(2)无人机重新校正电调。

(3)无人机正常连接遥控器,确认遥控器能够正常操控无人机。

(4)无人机正常联网,显示高度和实际高度之差不超过 0.2 m。

6. 检查机臂灯和底板灯

(1)正常开机确认机臂灯显示正常。

(2)无人机连接地面站后,分别控制其亮红灯、蓝灯以及绿灯,确认底板灯功能正常。

4.3.2 配套设备保养

配套设备保养见表 4-2。

表 4-2　配套设备保养

配套设备	保养措施/注意事项
飞机箱	(1)检查箱口,箱口要互相吻合,克马(搭扣)合得上、扣得住、打得开。
桨叶箱	(2)箱体无破损,无裂缝,外箱无明显脏污。
电池箱	(3)滚轮外观无异常,空箱或满箱在地面上来回拖拽,整个箱体移动时
遥控器箱	手感无异样

续表

配套设备	保养措施/注意事项
电池充电转接线	(1)电源线外观无老化现象。 (2)电源线功能正常,可以正常进行充电
电池平衡线	是否折断,存放在干燥处
UPS 电源	(1)电器正常开机,显示正常,按键功能正常且无卡键。 (2)存放位置安全,周边无可燃物
BB 响测电器	(1)电器正常开机,显示正常,按键功能正常且无卡键。 (2)测试标准电池,显示误差小
充电器套装	(1)电器正常开机,显示正常,按键功能正常且无卡键。 (2)对应电源线匹配且完好
雨布	雨布完整未老化,具备防水能力
头灯	外观完整,电量充足,对应充电器功能正常
对讲机	功能正常,显示清晰,电量充足
风速仪	功能正常,显示清晰,电量充足
服装	服装整洁、干净
地面站电脑	(1)电源适配器配套且正常。 (2)电脑开机正常无异样。 (3)鼠标功能正常可用
频谱仪	(1)电器正常开机,灯光显示正常。 (2)按键顺滑无卡键。 (3)上电之前必须先上天线
通用三脚架	外观结构完整,支架强度足够,支架收缩顺滑正常,相应卡键完好可用
AP	(1)电器正常开机,灯光显示正常。 (2)连接正常飞机后上线正常。 (3)上电之前必须先上天线
AP-适配器	(1)电压可调可控,数显清晰正常,调节旋钮顺滑。 (2)适配器连接 AP 可用可靠。 (3)张贴标签上限电压不可超过 28 V

续表

配套设备	保养措施/注意事项
AP-POE 合路器	(1)外观完整,无破皮现象,非常干净。 (2)配合适配器连接 AP 可用可靠
AP-三角架	外观结构完整,支架强度足够,支架收缩顺滑正常,相应卡键完好可用
AP-天线	(1)外观完整,无破损现象,非常干净。 (2)配合 AP 正常使用
网络交换机	(1)指示灯显示正常。 (2)配套电源线无破损,功能可靠。 (3)配合 AP,电脑可用可靠
长网线(>10 m) 短网线(<10 m)	(1)外观完整,无破皮现象,非常干净。 (2)配合适配器连接 AP,电脑可用可靠。 (3)长网线长度不可超过 100 m
基站套装	(1)电器正常开机,显示正常,按键功能正常且无卡键。 (2)配有两块电池,一个电池充电器,一个基站支撑杆。 (3)设备开机正常,飞机连线 30 min 无退出固定解状态的情况
差分一分二一体线	(1)外观完整,无破皮现象,非常干净。 (2)配合差分其他设备可用可靠
基站三角架	外观结构完整,支架强度足够,支架收缩顺滑正常,相应卡键完好可用
基站三角架基座	外观结构完整,支架强度足够,支架收缩顺滑正常,相应卡键完好可用
电台三脚架	外观结构完整,支架强度足够,支架收缩顺滑正常,相应卡键完好可用
USB 延长线	(1)外观完整,无破皮现象,非常干净。 (2)配合差分其他设备可用可靠
电台发送设备	(1)电器正常开机,灯光显示正常。 (2)连接正常飞机后顺利进入差分模式
电台中继设备	(1)电器正常开机,灯光显示正常。 (2)正常连接飞机后,排除电台信号,顺利进入差分模式
电台/中继 设备电源	(1)外观无破损,插电后指示灯正常显示。 (2)顺利为电台/中继设备充电
银色玻璃钢天线	(1)外观完整,无破损现象,非常干净。 (2)配合电台转发和中继设备正常使用

4.4　特 种 维 护

特种维护指出于某些特殊原因而进行的维护.无人机一般发生下列情况需要进行特种维护:

(1)着陆方法不恰当、过于猛烈或颠簸飞行。

(2)高速情况下受外物冲击、碰撞后损伤。

(3)潮湿或其他原因使机件发生腐蚀。

(4)突发大雨等异常天气导致进水。

DMD-M400W V1.1 无人机防水防尘等级为 IP43,如因为特殊情况飞机以及配套设备进水进尘,应切断所有对应的电源,使用吹风机将水和灰尘吹出后,放在干燥环境下静置 1 天,然后进行上述定期维护。

第5章　人员资质培训与飞行安全

　　无人机编队飞行的安全一定需要全员参与,贯穿产品的整个生命周期,涵盖研发、设计、生产和执行。要求重视每一场飞行,重视每一处细节,贯穿整个流程。对产品研发、产品测试、产品生产、技术服务、飞行表演、市场营销等相关人员进行严格的安全意识培训,将安全表演作为公司的生命线贯穿始终,要求设置首席飞行安全官,规定每周召开一次安全质量会议。

5.1　质量安全会议内容

　　(1)从研发层面构筑安全性设计理念,打造无人机安全操作系统。

　　(2)建立严格的专业试验体系和产品成熟度市场发布规则。

　　(3)对生产来料和模块进行严格的质量检验和一致性检验,建立严格的产品质量管理体系。

　　(4)对锂电池的安全进行规范的专业测试及寿命管理,进行消防安全教育。

　　(5)树立每一次商业飞行表演就是一次产品严格测试的理念,飞行故障数据实时反馈至研发部门,不断迭代进化产品的可靠性。

　　(6)对每一次飞行表演建立数据档案,进行案例总结和案例教学,形成文档记录,供飞行表演执行人员全员学习。

　　(7)对所有执行飞行表演的人员进行定期的技能考核,坚持合格人员才能上岗。

　　(8)为飞行表演执行体系建立安全飞行的考核和奖罚制度,增强安全飞行意识。

（9）对于产品销售后的技术培训严格要求，要求参加理论培训考试和实践操作，到厂家的驻场表演基地进行为期 1 月的驻场实践培训，同时对合作伙伴购买飞机进行表演的过程进行日常安全监管。

（10）对于新员工进行严格选拔，并进行业务能力培训及严格考核。针对具体岗位，有严格的工作要求和详细的内容规定。

5.2　对项目总指挥的要求

每个飞行项目的项目总指挥都需要拥有丰富的基层飞行表演经验和故障排查能力，具有 1 000 架编队灯光秀项目表演的独立操作实践能力，熟知整个飞行逻辑并亲身经历全流程。项目总指挥的主要工作如下：综合现场整体情况，对整个表演进行时间规划及人员规划，并评估飞行表演的风险情况，做好风险规避，确保表演正常进行。一个无人机编队表演，项目总指挥为最高决策权人员，因此现场执行人员必须无条件听从项目总指挥的调度安排，按照要求做好相关工作，保证无人机编队表演的正常进行。

5.3　对地面站操作员的要求

地面站操作员必须具备冷静处理问题的能力，熟悉安全飞行规范，且单独操控时长超过 100 h，模拟集群表演考核通过，取得大漠大认证资格授权后方可上岗。针对地面站操作人员，公司设置了理论考核及实际操作考核。①理论考核：针对飞行理论及操作方法进行考核，90 分为合格标准；②实际操作考核：模拟飞行过程中单架无人机以及多架异常情况，如扩展卡尔曼滤波器（Extended Kalman Filter，EKF）（传感器姿态和位置解算）故障、遥控器失联、低电、地面站失联、飞机偏移大等异常场景下地面站应急方案，线上模拟飞行如图 5-1 所示。同期举行定期现场考试，考官现场考核，90 分为合格标准。实操结束后，公司将采用"一帮一带"的方式，安排有经验员工现场监督，完成 3 次 200 架次以上的完美飞行后予以上岗。

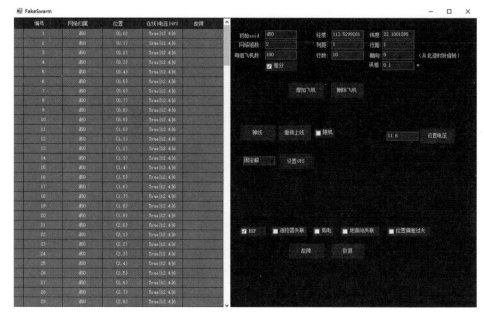

图 5-1　线上模拟飞行

5.4　对飞手的要求

无人机飞手必须拥有国家认可的 AOPA 证书或者同等资历的证书,并且需要经过至少 3 个月的飞行副手历练,实际飞行时长达到 200 h,通过飞手考核科目才可上岗。针对无人机飞手,公司安排专门的场地提供练习机会,并记录练习时长,满足条件后将分别在单机飞行和集群救机两方面进行考核,分别在白天和夜间模拟真实场景进行考核,考核科目见表 5-1。

表 5-1　飞手考核科目

飞手考核科目(90 分合格)				
姓名:_____				
序号	科目内容	内容	标准	分数	打分

序号	科目内容		内容	标准	分数	打分
1	姿态模式	四位悬停	(1)对尾悬停; (2)对头悬停; (3)对左侧悬停; (4)对右侧悬停	垂直高度 2 m,悬停范围不得超过 0.5 m,上下浮动高差不得大于 0.5 m(5 s 悬停)	10	

续表

序号	科目内容		内　容	标　准	分数	打分
2	姿态模式	四位飞行	(1)对尾前后左右飞行; (2)对头前后左右飞行; (3)左侧前后左右飞行; (4)右侧前后左右飞行	速度均匀,不错舵,偏移范围不超过 1 m	10	
3		四位矩形	(1)对尾矩形飞行; (2)对头矩形飞行; (3)左侧矩形飞行; (4)右侧矩形飞行	速度一致,航线匀速,旋转点不错舵,转向精准	10	
4		水平8字	5 m 高度飞行	7 个定位点,刷锅(圆周飞行)匀速且均匀,刷锅航迹圆润无卡顿,与各定位点误差不得超过 1 m,上下浮动高差不得大于 0.5 m	15	
5		刷锅飞行	(1)机头朝内飞行(左侧); (2)机头朝内飞行(右侧); (3)机头朝外飞行(左侧); (4)机头朝外飞行(右侧)	以中心点为轴心,半径3 m,匀速且无卡涩,上下浮动高差不得大于 0.5 m	15	
6		单机高空飞行	随机打一定量航向,飞回起飞点	120 m 高度,旋转到随意角度,30 s 之内降落到定位点1 m 范围	20	
7		集群救机	选 10 架飞机飞剧本,在剧本结束前地面站挑选3～4架飞机任意时间模拟EKF(传感器姿态和位置解算)故障,飞手救机	所有模拟故障飞机必须正常降落至起飞场地(飞机无损伤)	20	

5.5 对地勤的要求

地勤必须具备良好的思想素质和吃苦耐劳的工作作风,工作内容涉及飞机的搬运、飞机的摆放、锂电池的充电和筛选、飞机健康状态的观察等一系列的工作,特别是要具备消防安全、5S(Seiri 整理、Seiton 整顿、Seiso 清扫、Seiketsu 清洁、Shitsuke 修养)环境整理的意识。

针对飞行执行团队制定外场服务十大纪律,具体内容如下。

(1)一切行动听从指挥,服从项目总指挥工作安排。

(2)工作期间一律穿着工装。

(3)严禁在工作场所打游戏。

(4)严禁在工作场所吸烟,活动结束后主动清理垃圾,保持环境卫生整洁。

(5)严禁与他人冲突,遵守公共秩序和道德规范,对客户或游客一定敬重并讲礼貌。

(6)严禁私自租车驾驶,注意人身安全,倡导乘坐公共交通。

(7)严禁工作期间饮酒。

(8)工作期间应发挥团队精神,严禁作风懒散、对于同事的忙碌无动于衷。

(9)树立安全意识,正确使用灭火器、防火毯,人走电断。

(10)爱惜公司财产,注意防雨、防水、防火、防偷、防盗。

第6章　电池专业管理与飞行安全

　　锂电池严格规范的维护管理,对无人机编队飞行表演的安全至关重要。因此,无人机对于无人机锂电池的使用、充放电、存储和运输等进行了严格规定。

　　警告:不正确的使用、充电或存储电池可能会造成财产损失或人身伤害,低温或超低温环境下飞行会导致飞行表演故障,务必参照以下安全指引使用电池。

6.1　电　池　使　用

　　(1)严禁使电池接触任何液体,切勿将电池浸入水中或将其弄湿;切勿在雨中或者潮湿的环境中使用电池。电池内部接触到水后可能会发生分解反应,引发电池自燃,甚至可能引发爆炸。

　　(2)严禁使用非原厂提供的电池,否则可能引发飞行故障。

　　(3)严禁使用鼓包、漏液、包装破损的电池。

　　(4)在将电池安装或者拔出飞机之前,应保持电池的电源关闭,切勿在电池电源打开的状态下拔插电池,否则可能损坏电源接口。

　　(5)电池应在环境温度为 -5～45℃之间使用。温度过高(高于45℃),可能会引起电池着火,甚至爆炸;温度过低(低于-5℃),电池性能将会大幅降低。

　　(6)禁止在强静电或者磁场环境中使用电池,否则,电池保护板将会失灵,从而导致飞机发生严重故障。

　　(7)禁止以任何方式拆解或用尖利物体刺破电池,否则,将会引起电池着火甚至爆炸。

　　(8)电池内部液体有强腐蚀性,如有泄露,请远离。如果内部液体溅射到人体皮肤或者眼睛,应立即用清水冲洗干净,并立即就医。

　　(9)避免电池跌落或者摔伤,从飞机摔落或受外力撞击出现鼓包、漏液、破损等情况,不得再次使用。

(10)如果电池在飞机飞行过程中或其他情况下意外坠入水中,应立即拔出电池将其置于安全的开阔区域,并远离电池直至电池完全晾干。晾干的电池不得再次使用,应该按照6.5节的废弃方法妥善处理。

(11)切勿将电池放置于微波炉或压力锅中。

(12)禁止用导线或其他金属物体使电池正负极短路。

(13)切勿在电池或充电设备上放置重物。

(14)如果电池接口有污物,使用干布擦干净,否则会造成接触不良,引起能量损耗或无法充电。

(15)避免电池在低电量报警的情况下继续飞行,否则将会造成电池过放甚至引发飞行事故。

(16)禁止反接电池正负极,否则电池被异常充电可能会导致过热、起火或爆炸。

(17)若电池发生起火,按以下顺序使用灭火器材:沙、灭火毯、干粉、二氧化碳灭火器。

(18)电池使用前需要检查外观形状有无受损,遵从先充先用的管理办法,对于电池的充放电需要分门别类标识日期,用以识别储存过长的电池和识别保养周期。

(19)电池的正常电压是3.5~4.2 V。

(20)禁止将电池阳光直晒,或者置于容易造成温度高于50℃的密闭车厢里面。

(21)长时间不使用时,需要取下电池,关闭电池开关。

(22)在冬季低温(高于−5℃低于5℃)环境下使用电池,需要采用保暖措施并进行预热,确保电池温度保持在10℃以上。飞机正常作业前需要在地面将螺旋桨低速空转1~2 min,进行电池预热,避免飞机瞬时供电不足。

(23)在极寒(低于−5℃)情况下,严禁进行飞行表演。

(24)飞行前需对电池进行电压检测,电压低于12.5 V、压差大于0.03 V的电池,禁止使用。

(25)制定电池系统管理方案,安排电池总管责任人及分项目电池责任人,共同管理飞机电池。

6.2　电池充放电

正确使用锂电池,并正确给锂电池充放电,既能保证电池的使用寿命,也能免去安全隐患。因此,对于锂电池的充放电管理进行了相关规定。

1. 充电管理要求

(1)飞行电池必须使用原厂指定的充电设备进行充电,否则可能造成严重后果。

(2)锂电池的充电和放电次数约为 200 次。每次充电前,进行电池筛查,淘汰过放的电池,防止电池虚充引发安全事故。

(3)DMD－M400W V1.1 版本电池充电设备应使用 220 V 20 A 的电源插座,每个插座可同时使用 3 个电池充电器,每个充电器可以充 8 块电池,单一电池的充电倍率不超过 2 C。

(4)电池充电期间,电池和充电设备周围不能放置易燃、可燃物,并且必须有人员在现场看管,以防意外发生。电池充满电之后,一定要进行电压检查和确认,人员离开时确保充电器断电并将电池放入电池专用箱。

(5)飞机飞行结束后,电池处于高温状态,应等电池温度降至室温后再进行充电,否则可能出现禁止充电的情况。电池的理想充电环境温度为 10～35℃,最佳的充电环境温度(22～28℃)可大幅度提高充电效率。

(6)切勿使用酒精或者其他可燃剂清洁充电设备,切勿使用已损坏的充电设备。

(7)电池充电时,充电器和电池底部需铺设原厂指定的防火毯。

(8)鼓胀、变形、漏液或者电压低于 2.75 V 的电池禁止充电。

(9)充电的电压上限是 4.25 V。

(10)剩余容量差异大的电池不能并联充电,并联充电的电池剩余容量必须在 10％以内。

(11)禁止在有人居住的环境下充电,对于需要经常充电的场地,需要专业的充电间。

(12)DMD－M400W V1.1 版本单一充电器的额定功率是 400 W,充电总功率不超过充电线路最大负载的 80％。

(13)所有的充电电器插座都需要经中国强制认证（China Compulsory Certification,CCC)后使用。

(14)电芯压差大于 0.03 V 的电池需要使用原厂提供的平衡充平衡后方可使用。

(15)电芯压差大于 0.15 V 的电池,电池出现严重损坏,不可进行充电。

2. 放电管理要求

(1)放电时温度范围在 0～45℃,禁止电池在高温环境下放电。

(2)放电倍率不得大于产品规定标识的最大放电倍率,DMD - M400W V 1.1版本放电倍率为 1 C。

(3)外观受损(鼓胀、变形、漏液)的电池禁止使用。

6.3　电池存储和运输

(1)应将电池存储在专用电池箱内。

(2)为了防止发生安全事故,应将电池与飞机系统设备分开存储。

(3)电池存储适宜温度在 15～25℃ 之间,切勿将电池存储在温度超过 45℃ 或者低于 −5℃ 的环境中,存储环境需要设立良好的排风系统。

(4)存放电池的环境应保持干燥,需要能够进行湿度控制,避免长时间处于极端湿度(相对湿度高于 95％ 或者低于 40％)环境中,切勿将正常电池置于水中或者可能会漏水的地方。

(5)禁止将电池放在靠近热源的地方,如阳光直射处、车内、火源或热炉边。

(6)禁止将电池与眼镜、手表、金属饰品或者其他金属物体一起储存或运输。

(7)切勿运输有破损或电池电量高于 30％ 的电池。

(8)对运输的电池,需要做好防撞填充等措施,使用专业的电池运输箱进行运输。

(9)在临时存放时,电池之间不允许堆叠。

(10)电池仓库应设立二级防火门,必须安装烟雾报警器,配备石棉毯、火钳、消防沙、灭火器等灭火器材,另外需要 24 h 值班,仓管人员应该具备较高的消防意识,定期进行灭火器使用、应急疏散等消防演练。

6.4　报废电池鉴别

（1）外观判定：出现明显鼓胀、破损、漏液、变形现象。

（2）电压判定：单体电芯电压大于或者等于 4.25 V（非高压电池）或低于 2.75 V；电芯压差大于 0.15 V 的电池，如图 6-1 所示，电池出现严重损坏。

（3）内阻判定：电池内阻无穷大（测试不出来），或是达到初始内阻的 3 倍以上。

（4）容量判定：连续两次 1 C 放电的容量低于标称容量的 70%。

（5）相同飞行条件连续 3 次报低电（飞行过程中低于设定的低电电压值，地面站软件将自行判断并标记）。

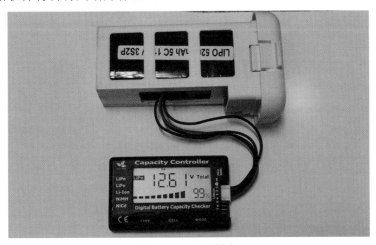

图 6-1　电压判定

6.5　电池保养和废弃

（1）超过 7 天不使用的电池，需要放电至 3.7～3.9 V 后存放，可延长电池使用寿命。

（2）切勿将电池彻底放完电后长时间存储，以避免电池进入过放状态，造成电芯不可逆损伤，导致电池无法正常使用。

（3）损坏、浸水及过放的电池不可使用，应按废弃电池处理。

（4）废弃电池应彻底放完电后，放置于指定的电池回收箱中。电池是危险化学品，严禁废置于普通垃圾箱，应遵循当地电池回收和弃置的法律法规。

（5）如电池因为电源开关失灵而无法完成彻底放电，切勿将电池直接弃置于电池回收箱，应联系专业电池回收公司做进一步处理。

（6）非专业人士禁止解剖电池，否则可能导致电池内部短路，引起鼓包、着火以及其他问题。

（7）聚合物锂电池理论上不存在电解液，一旦产生电解液并发生泄漏，接触到皮肤、眼睛或身体其他部位，应立即用清水清洗并及时就医。

（8）在任何情况下禁止将电池或者电芯投入火中，否则会引起电芯燃烧爆炸。

6.6　电池着火正确灭火方法及注意事项

1.正确灭火方法

（1）电池在充电柜上发生起火时，应切断设备电源（要求石棉手套及石棉毯存放于电池充电柜旁边），用石棉手套或火钳摘下充电柜架上的燃烧锂电池，隔置于地面或消防沙桶中。

（2）用石棉毯盖住地面上燃烧的锂电池的火苗。

（3）将消防沙掩埋至石棉毯上，隔绝空气，将锂电池的火苗隔离窒息。

（4）按以下顺序使用灭火器材：消防沙、灭火毯、干粉、二氧化碳灭火器，隔离窒息是应对锂电池燃烧的最好方法。

2.注意事项

（1）切忌用干粉扑灭，因为干粉对电池及周边的设备有极大的腐蚀作用，易污染空间。

（2）二氧化碳不污染空间和腐蚀电池，但只能达到对火苗瞬间抑制作用，还需用沙石、石棉毯配合使用。

第7章　通信链路备份与飞行安全

7.1　定位信息通信链路备份

DMD-M400W V1.1 无人机支持三星定位,三星定位信息见表7-1,包括GPS定位系统、俄罗斯全球卫星导航系统(Global Navigation Satellite System,GLONASS)和北斗卫星导航系统(BeiDou Navigation Satellite System,BD)。

表7-1　三星定位信息表

定位系统		GPS	GLONASS	BD
频率		L1:(1 575.42±1.023)MHz	L1:(1 602.0~1 615.5)MHz	B1:(1 561.098±2.046)MHz
		L2:(1 227.6±10.23)MHz	L2:(1 246.0~1 256.5)MHz	B2:(1 207.14±2.046)MHz
		L5:(1 176.45±12)MHz		B3:(1 268.52±10.23)MHz
实际星数		32	29	35

RTK基站同步追踪 GPS,GLONASS,BD 三种全球导航卫星系统(Global Navigation Satellite System,GNSS),初始化时间通常不超过10 s,初始化可靠性高于99.9%,RTK基站差分同步信号广播刷新频率1 Hz(默认),差分格式支持国际海运事业无线电技术委员会(Radio Technical Commission for Maritime services,RTCM) 3.0、3.2。

图7-1为深圳大漠大智控技术有限公司独有的RTK三通信链路备份方式。

其中基站电台,包含转发电台和中继电台,都采用861~877 MHz段无线广播形式进行通信,带宽设置默认为0.5 MHz,可以根据现场电磁环境进行特定选择。此外为确保RTK信息准确传输,深圳大漠大智控技术有限公司采用第三条链路,通过远距离 WIFI基站(AP)传输RTK信息,频段可自主选择2.4 GHz和5.8 GHz,极大提升了差分通信的可靠性。

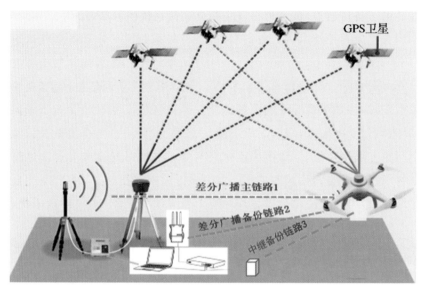

图 7-1 RTK 三通信链路备份方式

7.2 无人机集群操作系统对通信链路异常的响应

深圳大漠大智控技术有限公司最早的集群控制系统是实时在线控制的,当时的系统需要 WIFI 数据链保持畅通无干扰,为了确保在有通信干扰的情况下确保表演正常进行,深圳大漠大智控技术有限公司发明了一种在线和离线一体化融合的集群控制系统。

集群操作系统在线控制和离线控制相互备份,当实时在线控制表演过程中通信信号受到干扰时,会自动由实时控制切换到离线控制,自动完成表演。

7.3 远距离 WIFI 基站构建专网无线数据链优势

对于地面控制站到飞机的通信数据链,深圳大漠大智控技术有限公司采用无线局域专网进行组网,并提供 2.4 GHz 和 5.8 GHz 两种频段进行通信,采用大功率 WIFI 基站,通信距离可覆盖 500 m。同时 WIFI 数据链也作为 RTK 信息广播的第三备份通道,极大地提升了差分通信系统的可靠性。

深圳大漠大智控技术有限公司不建议 RTK 通信广播使用第三代移动通信技术(Third generation communication technology,3G)/ 第四代移动通信技术(Fourth generation communication technology,4G)移动通信公网,当现场的观看人数增多时,移动手机等终端设备达到一定规模之后,公网会出现严重拥塞的情况,导致差分系统失效,编队飞机不能正常起飞,目前国内有的无人机编队都在这个问题上遇到障碍,导致多次正式表演时无法准时起飞或者表演过程中出现多架次飞机掉出差分模式的情况。深圳大漠大智控技术有限公司采用自组的局域专网通信,使用的电磁频段避开运营商通信频率或者 WIFI 频段干扰,可以有效规避此类问题,确保每次飞行表演准时起飞率达到 100%。

为应对复杂的表演环境,有时候飞机需要飞行较远的距离进行表演,然后返回,这时 WIFI 的通信距离受 500 m 范围的限制,深圳大漠大智控技术有限公司可以在无人机和 WIFI 基站之间架设 WIFI 中继器,延展表演区域与地面基站之间的距离,使得地面站可以对飞行表演状态的信息进行实时监控,做到任何一架飞机与地面站保持畅通的通信联络。

第 8 章 　电磁环境监测与飞行安全

深圳大漠大智控技术有限公司从事无人机编队灯光秀技术研发和表演以来,高度重视无线通信基本理论和基本技术的研究和积累,特别是利用香农定理的基本原理,进行无线网络优化,在这方面积累了很多宝贵的经验。

8.1 　无线电磁环境下的干扰种类

在无线领域的干扰主要来自以下几种情况。

1. 同频干扰

同频干扰指无用信号的载频与有用信号的载频相同,对接收同频有用信号的接收机造成的干扰。通过无线信道规划避开干扰源是最有效的办法。无论是地面站与飞机的 WIFI 数据链、RTK 广播信号,还是 GPS 卫星信号,都会面临同频干扰问题。深圳大漠大智控技术有限公司在业界首先推广使用了手持微型频谱仪,对所有无线信号干扰源进行探测,如对于 WIFI 数据链的规划,在 WIFI 信道设置时就避开当地已经使用的 WIFI 信道,同时合理规划每个 WIFI 信道的飞机通信数量,这一点是香农定理发挥作用的最有效的方面;利用微型 WIFI 频谱仪还可以准确探测电台干扰源和 GPS 干扰源,这在无人机编队表演实践中发挥了重大作用。

2. 邻频干扰

邻频干扰是指相邻或相近频道的信号之间的相互干扰。由于调频信号含有无穷多个边频分量,所以当其中某些边频分量落入邻道接收机的通带内时,就会造成邻频干扰。在实际使用过程中,邻频干扰主要是使用信号频率的相邻频率之间的信号干扰,接收滤波器性能不理想,使得相邻的信号泄漏到了传输带宽内引起干扰。出于频率规划原因造成的邻近区域中存在与本区域工作信道相邻的信道,引起邻频道干扰。通过良好的频点规划,抑制这种干扰。

3. 互调干扰

当两个或多个不同频率的信号输入非线性电路时,由于非线性器件的作用,会产生很多谐波和组合频率分量,其中与所需要的信号频率相接近的组合频率分量会顺利通过接收机而形成干扰,这种干扰称为互调干扰。这是由于某台发射机功放末端经非线性作用产生了新的频率分量而引起的。

4. 杂散干扰

杂散干扰主要是指发射机倍频器的滤波特性不好,使一些二次和三次谐波分量对使用信道产生干扰;在无人机表演的很多场合,存在一些其他电子设备对 GPS 信号造成奇特干扰,如空中户外显示大屏或一些其他的电子设备会产生 L 波段的高频谐波分量,对 GPS 信号产生影响,利用微型手持频谱仪可以快速检验这些干扰源。

8.2　无线电干扰分析和优化的重要理论工具

与牛顿经典力学基础的三个定理一样,香农的三大定理奠定了信息论的基础。

这里重点讲香农第二定理,香农 1948 年在《通信的数学理论》一文中,提出了著名的香农定理,为现代通信奠定了坚实的理论基础。

香农定理指出,在噪声与信号独立的高斯白噪信道中,假设信号的功率为 S,噪声功率为 N,信道通频带宽为 $W(\mathrm{Hz})$,则该信道的信道容量 $C(\mathrm{b/s})$ 为

$$C = W\lg(1+S/N)\ (\mathrm{b/s})$$

这就是香农信道容量公式,从公式中可以看出:对于一定的信噪比和一定的传输带宽,可以确定传输速率的上限,这个极限是不能突破的,由香农信道容量公式可得出以下结论:

(1)提高信道的信噪比或增加信道的带宽都可以增加信道容量。

(2)当信道中噪声功率 N 无穷趋于 0 时,信道容量 C 趋于无限大,这就是说无干扰信道的信道容量可以为无穷大。

(3)信道容量 C 一定时,带宽 W 与信噪比 S/N 之间可以互换,即减小带宽,

同时提高信噪比,可以维持原信道容量。

(4)信噪比一定时,增加带宽 W 可以增大信道容量。但噪声为高斯白噪声时(实际的通信系统背景噪声大多为高斯白噪),增加带宽同时会造成信噪比下降,因此无限增大带宽也只能对应有限信道容量。

8.3 通信设备参数

1.手持无线频谱分析仪

深圳大漠大智控技术有限公司的无人机编队灯光秀系统采用的通信频段如下:

(1)飞机接收 1 164.45～1 615.5 MHz 频段的卫星定位信号;

(2)飞机与地面站通过 5.8 GHz 的频段电磁波进行通信;

(3)飞机与遥控器通过 2.4 GHz 的频段电磁波进行通信;

(4)飞机与 RTK 基站通过 861～877 MHz 的频段电磁波进行通信;

(5)项目总指挥与飞手、地勤及相关人员通话的对讲机,工作频率为 435.137 5～436.137 5 MHz。

为了保证飞行安全,设备之间的通信频率需要做严格测试及检查。深圳大漠大智控技术有限公司率先使用手持频谱分析仪进行周边环境分析,频谱仪如图 8-1 所示,所用的扫描设备相关参数如下。

(1)配备 2 个标准的微型-A(SubMiniature version,SMA)50 Ω 频谱分析接口。

左 SMA 端口(6G):4 850～6 100 MHz;

右 SMA 端口(WSUB3G):15～2 700 MHz。

幅度分辨率:0.5 dBm。

(2)动态范围:

左 SMA 端口(6G):−105～−15 dBm;

右 SMA 端口(WSUB3G):−110～−10 dBm。

(3)最大输入功率分辨率:

左 SMA 端口(6G):+25 dBm;

图 8-1 频谱仪

右 SMA 端口(WSUB3G):+30 dBm。

平均噪声电平(典型值):−105 dBm。

(4)频率稳定性和精度(典型值):

频率分辨率:1 kHz;

带宽分辨率:中频滤波器(Resolution Band Width,RBW)。

左 SMA 端口(6G):自动 58~812 kHz ;

右 SMA 端口(WSUB3G):自动 3~600 kHz。

尺寸:113 mm×70 mm×25 mm。

2. 无人机遥控器

深圳大漠大智控技术有限公司使用了业界独有的飞手自动接管故障飞机的应急救机模式,在无人机编队灯光秀表演中发挥了重大作用,一是增强了编队表演的安全性,二是极大地降低了无人机编队表演常态化的运营成本。

遥控器如图 8-2 所示,使用的是 2.4 GHz 频段,单工模式,发射功率为0.1 W(20 dBm),频率范围在 2 400~2 483.5 Hz。在使用遥控器时,对 2.4GHz 的WIFI 信号进行检测,避免频率冲突。2.4 GHz 的信道检查同 5.8 GHz 信道检查,如果出现信道干扰,则需要协调避开。

所用遥控器参数如下。

品名:FrSky Taranis X9D Plus。

大小:200×194×110(L×W×H)。

质量:670 g(不带电池)。

操作系统:Open TX。

支持模型:60(可用 Micro SD 卡扩展)。

涵道数:24CH。

内置 RF 模块:ISRM-S-X9。

兼容:ACCST D16 和 ACCESS 接收机。

操作电压:DC 6.5~84 V。

操作电流:130 mA/8.2 V。

操作温度:−5~60℃。

屏幕分辨率:212×64。

遥控器内置高频头频率:2 401.6~2 480 MHz。

发射功率:100 mW。

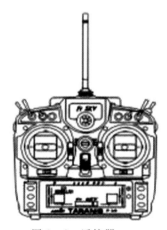

图 8-2　遥控器

最远有效距离:1.5 km。

3.无人机 RTK 通信电台

深圳大漠大智控技术有限公司采用 860 MHz 电台广播 RTK 基站信息,因此表演中需要采集 800~900 MHz 的数传电台频率监测是否有干扰。用频谱仪进行监测,并在集群无人机上电之前及上电之后分别做检测,根据目前所用的频率,判断是否出现干扰,如果有干扰,则需要更换频率处理。RTK 信号频率检测图如图 8-3 所示。

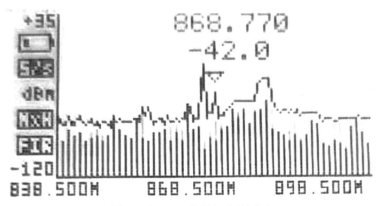

图 8-3 RTK 信号频率检测图

RTK 差分基站的技术参数如下:

(1)GNSS 部分。

1)GPS:同步跟踪 L1、L2C/L2P。

2)BD:同步跟踪 B1、B2、B3。

3)GLONASS:同步跟踪 L1、L2。

4)伽利略卫星导航定位系统(Galileo Satellite Navigation System):升级保留。

5)初始化时间:通常不大于 10 s。

6)初始化可靠性大于 99.9%。

7)1 Hz、2 Hz、5 Hz、10 Hz、20 Hz 和 50 Hz 定位输出(默认 1 Hz)。

8)差分格式支持:RTCM 3.0、3.2。

(2)接收机精度。

1)静态、快速静态精度:平面:$\pm(2.5+1)\times10^{-6}D$ mm。

2)高程：$\pm(5+1)\times10^{-6}D$ mm。

(3)RTK 定位精度。

1)平面：$\pm(8+1)\times10^{-6}D$ mm。

2)高程：$\pm(15+1)\times10^{-6}D$ mm。

(4)接口。

1)1 个 RS232 串行接口。

2)1 个 Mini USB 接口。

3)1 个 SIM 卡接口。

4)1 个 SD 卡接口。

5)1 个 UHF 内置电台天线/4G/GPRS 天线接口技术参数。

6)1 个蓝牙接口。

7)1 个 WIFI 接口。

8)1 个内置锂电池接口。

9)1 个小五芯接口。

8.4　大功率 WIFI 通信基站

采用大功率远距离 WIFI 进行通信,每次飞行检查前,应该使 AP 信道配置在没有干扰的通信信道上,这个是每次飞行必须检查的重要流程。

1. 常用 2.4 GHz 频率信息

常用的 2.4 GHz WIFI 一共有 14 个信道(第 14 信道一般不用)。每个信道的有效宽度是 20 MHz,另外还有 2 MHz 的强制隔离频带(类似于公路上的隔离带)。对于中心频率为 2 412 MHz 的 1 信道,其频率范围为 2 401~2 423 MHz。对于中心频率为 2 484 MHz 的 14 信道,其频率范围为 2 473~2 495 MHz。

如图 8-4 所示,1,6,11 这三个信道之间是完全没有交叠的,也就是人们常说的三个不互相重叠的信道。每个信道 22 MHz 带宽。图中也很容易看清楚其他各信道之间频谱重叠的情况。另外,如果设备支持,除 1,6,11 三个一组互不干扰的信道外,还有 2,7,12;3,8,13;4,9,14 三组互不干扰的信道。

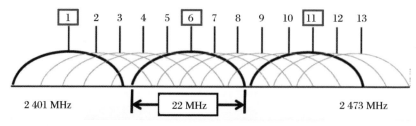

图 8-4 2.4 GHz WIFI 信道

2. 常用 5.8 GHz 通信频段

DMD-M400W V1.1 版本无人机支持采用 5.8 GHz WIFI 进行网络通信，此外，大漠大专用 AP 设备的配置可以选择国家地区，AP 内设程序已经根据当地的法律法规对于无线电可用频率进行调整，譬如 5.8 GHz 在中国仅支持 5 个信道，分别是 149,153,157,161,165，信道可以支持两组 40 MHz 捆绑或一组 80 MHz 捆绑。部分国家在不捆绑的情况下，还可以使用扩展的 WIFI 信道，如 36,40,44,48,52,56,60,64 信道。

WIFI 的信道检查，目前使用手机软件 Cellular-Z 进行检测，如图 8-5 所示。无人机编队所使用的 WIFI 名称为 dev_d50,dev_d51,dev_d52,dev_d53，所使用的 WIFI 信道分别是 56,60,149,161。确保每个信道上不受其他用户的影响，如果有干扰信号，则需要协调避开。

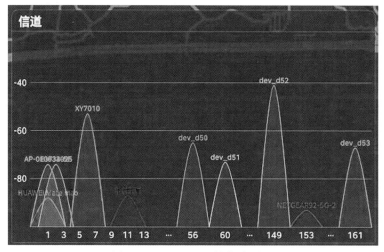

图 8-5 Cellular-Z 软件检测图

8.5　对　讲　机

指挥塔、地面站操作员、护航飞手、安保队伍之间需要有畅通的对讲系统进行沟通,以便确认飞行环境、飞行条件、与舞台及灯光的配合,要求使用对讲机。深圳大漠大对讲机工作频率为 435.137 5~436.137 5 MHz。

1.产品参数

产品尺寸:57.8 mm×29.2 mm×258 mm。

产品质量:291.5 g。

电池类型:5 200 mA·h(18.72 W·h)。

接口类型:USB Type-C。

使用时长:约 15 h。

显示模块:1.77 寸液晶屏幕。

音频额定功率:500 mW。

额定电压:3.6 V。

发射功率:0.5 W/3 W/5 W。

2.频道范围

公众频道(L01-L20)409~410 MHz(20 个频道)。

远距离频道(H01-H20)430~440 MHz(20 个频道)。

自定义频道(C01-C20)430~440 MHz(20 个频道)。

公众频道 409.750 0~409.987 5 MHz。

远距离频道 430.000 0~440.000 0 MHz;144.000 0~148.000 0 MHz。

自定义频道 430.000 0~440.000 0 MHz;144.000 0~148.000 0 MHz。

8.6　卫星定位信号的监测

深圳大漠大智控技术有限公司的无人机编队灯光秀系统支持三星定位,抗干扰能力更强,在进行编队飞行时,系统锁定 12 颗或以上的卫星才能飞行,在编队表演时,用频谱仪进行 GPS 信号干扰情况的监测,监测图如图 8-6 所示。

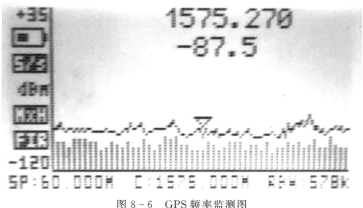

图 8-6　GPS频率监测图

　　在表演地点的勘测中,尽量避免在城市高层建筑边或四周有建筑物遮挡的环境中表演,这些区域的卫星信号被遮挡严重,会导致飞机定位不准,容易引起飞机与高层建筑的碰撞。实际处理中,要进行卫星收星测试,同时也要进行差分广播信号的判断,要求确保飞机在起飞、降落和表演的全过程中,通信基站与飞机之间视距无遮挡。

8.7　表演环境的地球磁场干扰测试

　　由于太阳风天体活动的影响,太阳风导致的高速等离子体云会冲击地球磁场,使磁场压缩变形,从而引起地球磁场的剧烈扰动,这就是地磁爆,用 K_p 指数量化地球磁场受到的干扰。

　　如果表演环境磁场干扰指数 $K_p < 4$(它的变化范围为 $0 \sim 9$)时,无人机可以正常表演。

　　地磁暴是重要的灾害性空间天气事件之一,对地面电力系统、通信系统和卫星姿态等有重要影响。地磁暴的预报,尤其是 $K_p > 5$ 就出现黄色警报; $K_p > 7$ 出现橙色警报; $K_p = 9$ 出现红色警报;由中国科学院国家空间科学中心负责预报。

8.8 起飞场地现场地磁检测

使用 DMD-M400W V1.1 摆放在起飞场地,检测飞机是否能进行自检,若自检不通过(表现为无人机机臂灯一直处于青色),则说明地磁存在干扰。注意地磁的检测点需要至少采集起飞场地边缘的 8 处地点(起飞阵型边角 4 点以及相关中心点),主要是检查起飞场地地面是否有强电流和强磁场设备铺设,若有强电流和强磁场设备铺设,则会导致飞机起飞时磁罗盘受到严重干扰。

第9章 表演场地规划与飞行安全

飞行场地的勘测是否细致周到对后续安全完美的表演至关重要,除了场地的面积大小,还有场地的电磁环境干扰、卫星收星强弱及空间障碍物分布等情况,都需要做到心中有数。

9.1 表演场地环境的基本要求

(1)表演海拔高度应小于 4 000 m,高海拔会导致空气动力效率降低,高海拔低温环境会导致电池性能下降。

(2)表演场地温度环境不能低于−5℃,在−5~0℃时,电池要采取加热保温措施。

(3)起飞场地周围不能有强磁场干扰,如高压线、变电站、大型钢架结构、大型发电供电设备、大功率雷达、大功率电台和信号发射塔等大功率高频设备。

(4)表演区域要避免大功率5.8 GHz WIFI信号干扰,表演过程中要求避开现场使用5.8GHz信道。

(5)表演区域不得有861~877 MHz频段的干扰。

由于无人机编队表演的特殊性,为了保证演出的安全顺利进行,呈现完美的艺术效果,需提前做好表演场地的勘测规划,并填写《场地勘测报告》,明确起飞区域、观看区域、表演区域,确定飞行路径,如图9−1所示。

另外,针对无人机在地面的具体摆放,从勘测时就要合理规划场地,同时规划好飞机仓储、电池充电间位置,对邀请方提出相应的空间和用电容量需求。

图 9-1　场地勘测

9.2　表演场地的详细要求

为了使飞行更加有保障,在正式的飞行表演前必须进行场地勘测,对场地的条件进行以下相关规定:

(1)起飞场地最好为平地或平整的草地,也可以实现有高差飞行。

(2)起飞场地要求尽量空旷,5 m 内遮挡物高度小于 10 m。

(3)起飞场地需设有安全围栏等隔离措施,保证游客等非工作人员远离起飞场地。

(4)起飞场地与表演区域水平距离不大于 300 m。

(5)起飞场地大小估算:飞机间距一般按 1.5 m×2 m 计算,场地偏小时按 1.5 m×1.5 m 计算。

(6)为保证无人机编队飞行的绝对安全,编队飞行过程中无人机的上方始终不可有遮挡物,下方始终不可有人员与车辆。

(7)提前派出现场勘查人员对场地的适飞情况进行测试,起飞及表演区域是否合适,应最终以场地勘查测试人员的测试结果为准。

(8)规划飞行路径,确保飞行安全。地面站软件可以通过地图看到实时的飞行路径,因此,在设计时可以提前规划飞行路径,做好相关防范。

(9)需要规划空中表演空间,根据 AP 与无人机可以互联的范围,AP 通信设备的天线辐射面需要朝向表演位置,且飞机与 AP 之间视距无遮挡。

(10)基站注意要点:

1)基站必须远离水域、高大建筑物以及强电磁环境(如高压电线附近等)。

2)基站附近不可以有遮挡物,如受环境限制,要求高层遮挡物最高点与基站的连线与水平面夹角应小于 30°。

3)电台天线必须远离基站 2 m 以上。

4)电台天线需要架设在高处且不能遮挡基站,天线至少离地面 2 m 以上。

5)周围有电磁设备、民航机场等任何可能造成干扰的事物存在时,及时报备给项目总指挥。

6)平板天线和玻璃钢天线的倾斜角度不允许超过 15°,平板天线需要将弧形面对准表演区域。天线与起飞区域和表演区域之间不能有遮挡,若条件允许尽量把天线架高。

9.3　场地规划细节

依据 DMD - M400W V1.1 特性,项目要求根据表演飞行时对飞机存储、电池充电、表演人员、辅助人员等资源进行规划,场地规划细节参考表 9 - 1。

表 9 - 1　资源规划

表演飞机数架	标准起飞场面积 m²	电池数量 块	充电器数量 (CQ3)	充电总功率 kW	充电房面积 m²	飞机仓储面积 m²	操作人数 人	志愿者数量 人
100	300	200	3	1.6	8	16	4	0
200	600	400	5	2	10	32	6	0
300	900	600	7	2.8	12	48	8	0
400	1 200	800	9	3.6	14	64	10	2
500	1 500	1 000	11	4.4	16	80	12	4
600	1 800	1 200	13	5.2	18	96	14	6
700	2 100	1 400	15	6	20	112	16	8
800	2 400	1 600	17	6.8	22	128	18	10

续表

表演飞机数架	标准起飞场面积 m²	电池数量 块	充电器数量 (CQ3)	充电总功率 kW	充电房面积 m²	飞机仓储面积 m²	操作人数 人	志愿者数量 人
900	2 700	1 800	19	7.6	24	144	20	15
1 000	3 000	2 000	22	8.8	26	160	21	20
1 200	3 600	2 400	24	9.6	28	192	22	25
1 300	3 900	2 600	26	10.4	30	208	23	30
1 400	4 200	2 800	28	11.2	32	224	24	35
1 500	4 500	3 000	30	12	34	240	25	40
1 600	4 800	3 200	32	12.8	36	256	26	45
1 700	5 100	3 400	34	13.6	38	272	27	50
1 800	5 400	3 600	36	14.4	40	288	28	55
1 900	7 600	3 800	38	15.2	42	304	29	60
2 000	6 000	4 000	41	16.4	44	320	30	65
2 100	6 300	4 200	43	17.2	46	336	31	70
2 200	6 600	4 400	45	18	48	352	32	75
2 300	6 900	4 600	47	18.8	50	368	33	80
2 400	7 200	4 800	49	19.6	52	384	34	85
2 500	7 500	5 000	52	20.8	54	400	35	90

第 10 章　气象环境监测与飞行安全

随着我国低空域范围的陆续开放以及无人机行业的蓬勃发展,低空飞行安全气象保障体系是目前一个重要的研究方向。针对我国低空环境复杂多变,为确保无人机编队表演安全可靠执行,需要全方位、多角度监测低空风速、风向、温度、湿度和气压等气象信息。

参照中国民航局的管理办法,同样是低空域飞行的无人机表演,在气象检测方面需要进行严格的检测与控制,也需要购买专业的微小型气象站或便携式风速仪。常用的气象要素有五类:气温、气压、风、降水和大气密度。下面对这五类气象要素进行详细分析。

1.气温与无人机飞行安全的关系

环境温度对无人机的安全飞行非常重要,气温主要影响电机、电池和电调等的散热。大多数无人机采用风冷自然散热,环境温度与飞机运行温度的温差越小,散热越慢。

DMD－M400W V1.1 版本飞机的正常工作温度为:0～45℃;低温警示:工作温度低于 0℃,且预热不充足的条件下电池会因为电芯电压过低而导致突然断电,飞机失去动力,发生坠机危险。另外,如果表演区域环境导致飞机机体温度超过 60℃,可能会引起无人机控制电路或传感器工作失效,从而发生危险。

高温或低温天气都会影响无人机的传感器功能组件,降低飞行效率,甚至危及飞行安全。在炎热的天气,切忌飞行时间过长,且应在两次飞行间让无人机进行充分冷却。因为无人机的电机在运转产生升力的时候,也会连带产生大量的热量,在炎热的天气下,电机非常容易过热,在极端情况下甚至可能会融化零部件和线缆。在严寒的天气下,飞行时间也不能过长,且应在飞行中密切关注电池情况,因为低温会降低电池的效率,同时也非常容易发生掉电的情况,导致电机停转等意外情况,这是我们需要极力避免的情况。

低温环境下(一般指低于 0℃),进行无人机飞行时,需要注意以下 3 个问题:

(1)飞行时间更短。如果在温度较低的情况下,无人机将会有一个比平日更短的飞行时间,因为寒冷天气影响了大多数电池。这意味着,无人机如果在正常温度下有 20 min 的飞行时间,那么在寒冷的天气里飞行,无人机可能只有 15 min 甚至 10 min 的飞行时间。

(2)电池保暖措施。应采用电暖气或者暖宝宝给电池保暖,因为寒冷的天气减缓了无人机电池内部的化学反应,从而限制了电池的容量,导致在寒冷环境下电池性能会大幅度降低。比如通常无人机厂商会在其应用中内置一个电池温度警告,当电池温度过低时,系统会弹出类似这样的提示:电池温度低于 15℃。如果出现这个警告,意味着无人机甚至不能起飞,必须在飞行之前把电池预热。这就是为什么必须尽可能让电池一直保持温暖。为了优化电池性能,建议保持电池温度高于 20℃。

(3)注意电池电压。深圳大漠大的地面站可以显示每架无人机的电池电压,这样就可以在整个飞行过程中监控电池电压的变化。如果电池的电压降至 10.8 V(针对 1.1 版灯光机),那意味着无人机电池没有太多的容量,建议不要飞行,因此地面站操作员需要留意这个指标。电压指示器非常容易理解:绿色意味着电压良好,适合飞行;黄色意味着要小心,但是仍然可以正常飞行;看到红色时,意味着电池电量不多,需要尽快降落。如果显示红色时无人机仍然在飞行,无人机可能没有足够的电池容量飞行完整个表演并且安全降落,或者因为电力的损失,无人机甚至可能从天上坠落下来。

当环境温度介于 −5~0℃,定义为低温飞行。低温飞行需要进行前置准备工作,应做到以下几点:

(1)规划航道时应遵守先起飞的飞机先进行降落的原则。

(2)降低飞行速度(电池的耗电量和速度的三次方正相关,防止无人机随机动力不足)。

(3)提前预热,表演前 20 min 飞机处于待机工作状态,使得无人机内部工作温度高于 10℃。

(4)适当减少飞行表演时间。

（5）拒绝低电量的飞机升空。

（6）使用保暖措施提前保暖电池。

如图 10－1 所示，正在对无人机电池进行保暖，确保飞行的安全。

图 10－1　无人机电池保暖措施

2. 气压与无人机飞行安全的关系

根据空气动力学原理，常用的多旋翼无人机，在螺距确定的情况下，转速越大，提供的升力就越大，而气压会限制这个升力。如果气压太低，普通桨根本不能提供正常的升力，特别是高原地区，需要用专用桨叶。

无人机在高空飞行时是靠测量大气压力来获得飞行高度数值的，这个高度也叫气压高度。气压高度对飞机的影响实际就是空气密度对飞机的影响。海拔越高，空气越稀薄，为了保证无人机的正常飞行，螺旋桨的转速大大增加，飞行的效率降低，耗电量增加，续航时间变短。另外在高海拔地区飞行的飞机都需要用标准大气压矫正气压高度表，这样才能使同在高空飞行的所有飞机有一个共同的高度标准。在低高度飞行的飞机（也就是起飞降落时），因为各地的气压随时都在变化，所以就要用当地的修正气压来校准高度表，使高度与当地的地形高度一致，防止触地。

3. 风速与无人机飞行安全的关系

在大风情况下，无人机为了保持姿态和飞行，会耗费更多的电量，续航时间会缩短,同时飞行稳定性也会大幅度下降。在飞行过程中也要注意,最大风速不要超过无人机的最大飞行速度。风速是非常多变的参数,这给无人机飞行带来很多不确定性因素。

另外,近地面的风速和空中风速也会有比较大的差别。近地面的风速,由于受到高楼或者山体的遮挡,风速往往比空中风速小很多。大气近地层中,风速随高度的分布,在地形平坦的条件下,风速随高度呈对数规律分布。受气象条件、地面建筑物、植被或自然障碍的影响,风速和风向随高度变化都很大,但多数情况是风速随高度增加而加大。

对于深圳大漠大智控技术有限公司 DMD－M400W V1.1 版本飞机,单机手动姿态模式飞行抗风能力达到 5 级,能够承受的最大风速为 10m/s。集群表演抗风等级为 4 级,要求连续最大风速不超过 7.5 m/s。

在现场执行飞行项目过程中,对于风速的监测需要持续进行。到陌生的场地进行飞行,需要预先到当地的天文台网站中获取天气信息,确认没有强风或者季风干扰,要求在现场起飞前 1 h 开始不间断监测风速,并注意高空风速与地面风速的差异,选择最高且通畅的地点测试风速,并及时通报风速情况,便于项目总指挥根据情况进行项目把控。在相对固定的场所,譬如驻场表演中可使用高空专业风速报警仪监测风速。图 10－2 为高空专业风速报警仪。

图 10－2　高空专业风速报警仪

在一些临时飞行场所则采用手持式风速仪进行实时测风,图 10－3 为手持风速仪。

图 10 - 3　手持风速仪

4.降水与无人机飞行安全的关系

湿度为空气中水分子的含量,空气湿度以及任何降水都可能影响无人机的正常工作。当空气湿度的数值接近 1 时,就应当引起注意,在这种湿度下,即使不下雨,无人机的表面也会凝结非常多的水气。对于无人机这类精密的电子产品,水气一旦渗入内部,极大可能腐蚀无人机内部的电子元器件。因此,在进行无人机的日常保养时,也要做好干燥除湿。

DMD - M400W V1.1 版本飞机可以在 5%～90% 的相对湿度环境下正常飞行。但是,在飞行之前需要密切关注天气情况,并且准备好相应的防雨仓库,避免发生突然降雨无法将无人机转移到仓库的情况。比如,在起飞场地附近搭建帐篷,图 10 - 4 为场地帐篷搭建,可以在下雨之前尽快将无人机转运到帐篷内,尽量减少损失。

图 10 - 4　场地帐篷搭建

另外,对于突然的降雨,一定要做好防雨措施,以最快的速度保护好无人机及配套设备。图 10 - 5 为给无人机做防雨措施。

图 10 - 5　无人机防雨措施

5. 大气密度与无人机飞行安全的关系

随着海拔高度的增加,大气层空气密度减小。在空气密度较低的环境中飞行,飞机的转速增加,电流增大,进而大大缩减了续航的时间。

随着海拔的升高,温度将越来越低,空气越来越稀薄。为了提供足够的升力,无人机电机需要更快的转速,相对应的飞机的耗电量将更高,并且低温会使得电池性能大幅度降低,针对 DMD - M400W V1.1 版本飞机,飞行表演海拔不高于 4 000 m,对于海拔高度高于 2 000 m 以上的飞行区域,均需要提前进行小架次测试,确定其续航时间的变化。

综上所述,在进行无人机飞行表演的时候,应该避开雨、雪、雾和雷电等不宜飞行的天气。为预防突发性天气变化,飞行执行团队在每一次项目执行中都应准备必要的应急方案和防雨措施。

在飞行准备阶段,如果当环境变化不满足飞行规范条件时,应果断终止飞行表演。飞行表演过程中,如遇突发性降雨,无人机可以自主选择有序返航。

遇到突发异常天气情况,在确保人身安全的前提下,做好飞机防雨工作,防止飞机淋水造成重大损失。

第 11 章 飞机表演的间距、速度与飞行安全

随着导航定位技术的不断发展,无人机编队表演飞机之间的间距将不断缩小,无人机阵列的图案分辨率和精美程度将不断提升;无人机飞行控制技术的持续进步将会带来无人机编队飞行速度的不断加快,使得表演的灵动感和冲击性不断增强。但艺术美感与技术安全始终是一对矛盾统一体,必须做到艺术美感和安全稳定的有机统一,在规范中必须找到平衡点。

为了确保飞行表演安全,无人机编队飞行会确定一个安全表演的最小间距和最大飞行表演速度,而飞行表演的最小间距与卫星导航定位精度、飞机的飞行速度、飞行环境的温度和风速、飞机的风阻和锂电池能量耗损等变量要素直接相关,因此在每一次飞行表演中采用哪一挡飞机间距和飞行速度需要根据实际情况做出明确的规定,以确定该条件下的最小飞行表演间距和最大飞行表演速度。

11.1 飞机的安全表演最小间距与导航定位精度的关系

无人机能够正常飞行的前提是有良好的定位系统,目前室外无人机编队表演飞机的定位导航方式有两种。

1. 采用普通 GPS 导航定位模式

该模式下,飞机的定位精度是一个以理论定位点为圆心,以 2.5 m 为半径的误差圆。换句话说,就是采用普通 GPS 模式定位的飞机,从一个固定起飞地点起飞,表演完成后返航降落点与起飞点之间的误差范围在以起飞点为圆心,以 2.5 m 为半径的一个圆形区域内,这个误差范围值在深圳大漠大智控技术有限

公司的多次编队飞行实测中得到了验证,深圳大漠大智控技术有限公司无人机孔明灯编队产品 DMD - M400K 采用了这种普通 GPS 定位模式。

2. 采用高精度 RTK 实时差分定位模式

为了使定位精度得到有效提升,深圳大漠大智控技术有限公司对此进行了严格的测试,以编队中每架飞机的起飞点为参考点,表演完毕后返回原地时,测量降落点和起飞点之间的误差,系统的统计记录如下:通过对 DMD - M400W V1.1 版本 190 架飞机起飞和降落点间距进行统计,从数据上可以看出无人机的偏移量在 0～50 cm 之间,90% 的无人机偏移量在 20 cm 以内。可以看出,该飞机的定位区域是以理论定位点为中心,以 0.5 m 为半径的一个误差圆,典型的测量值见表 11 - 1。

表 11 - 1　RTK 模式下 DMD - M400W V1.1 飞机定位误差测试数据实例

序号	单位	偏移	序号	单位	偏移	序号	单位	偏移
1	cm	20	66	cm	40	131	cm	15
2	cm	10	67	cm	5	132	cm	15
3	cm	15	68	cm	10	133	cm	16
4	cm	17	69	cm	15	134	cm	10
5	cm	10	70	cm	15	135	cm	31
6	cm	10	71	cm	40	136	cm	5
7	cm	15	72	cm	20	137	cm	6
8	cm	15	73	cm	10	138	cm	15
9	cm	5	74	cm	40	139	cm	4
10	cm	15	75	cm	20	140	cm	2
11	cm	20	76	cm	10	141	cm	11
12	cm	5	77	cm	15	142	cm	0
13	cm	15	78	cm	15	143	cm	5
14	cm	10	79	cm	10	144	cm	0
15	cm	18	80	cm	15	145	cm	2
16	cm	0	81	cm	5	146	cm	20
17	cm	0	82	cm	15	147	cm	13

续表

序号	单位	偏移	序号	单位	偏移	序号	单位	偏移
18	cm	5	83	cm	15	148	cm	11
19	cm	4	84	cm	5	149	cm	4
20	cm	15	85	cm	0	150	cm	20
21	cm	10	86	cm	5	151	cm	10
22	cm	10	87	cm	5	152	cm	10
23	cm	15	88	cm	5	153	cm	3
24	cm	10	89	cm	15	154	cm	1
25	cm	15	90	cm	10	155	cm	2
26	cm	18	91	cm	10	156	cm	12
27	cm	15	92	cm	15	157	cm	3
28	cm	8	93	cm	15	158	cm	14
29	cm	10	94	cm	10	159	cm	19
30	cm	10	95	cm	5	160	cm	0
31	cm	15	96	cm	15	161	cm	14
32	cm	5	97	cm	15	162	cm	0
33	cm	10	98	cm	15	163	cm	3
34	cm	4	99	cm	15	164	cm	10
35	cm	15	100	cm	10	165	cm	25
36	cm	20	101	cm	10	166	cm	0
37	cm	25	102	cm	10	167	cm	0
38	cm	4	103	cm	15	168	cm	10
39	cm	6	104	cm	5	169	cm	0
40	cm	20	105	cm	0	170	cm	10
41	cm	18	106	cm	5	171	cm	7
42	cm	5	107	cm	0	172	cm	4
43	cm	0	108	cm	10	173	cm	3
44	cm	20	109	cm	10	174	cm	5
45	cm	3	110	cm	15	175	cm	5
46	cm	10	111	cm	10	176	cm	6
47	cm	10	112	cm	5	177	cm	10
48	cm	10	113	cm	10	178	cm	10

续表

序号	单位	偏移	序号	单位	偏移	序号	单位	偏移
49	cm	20	114	cm	15	179	cm	8
50	cm	0	115	cm	15	180	cm	2
51	cm	0	116	cm	10	181	cm	5
52	cm	5	117	cm	10	182	cm	2
53	cm	15	118	cm	15	183	cm	1
54	cm	20	119	cm	0	184	cm	11
55	cm	20	120	cm	10	185	cm	18
56	cm	20	121	cm	15	186	cm	2
57	cm	20	122	cm	10	187	cm	2
58	cm	45	123	cm	5	188	cm	0
59	cm	15	124	cm	0	189	cm	8
60	cm	10	125	cm	10	190	cm	19
61	cm	10	126	cm	50			
62	cm	10	127	cm	50			
63	cm	0	128	cm	10			
64	cm	40	129	cm	15			
65	cm	0	130	cm	10			

以 RTK 定位模式的飞机为例进行分析,在不考虑其他因素的情况下,飞行表演的飞机最小安全间距由两个因素决定:其一是飞机导航定位的 RTK 模块定位精度的限制;其二是飞机的动力学尺寸(飞机轴距和螺旋桨旋转平面直径)。

DMD - M400W V1.1 飞机的螺旋桨旋转平面直径为 540 mm,结合 RTK 误差圆分析,安全表演的两飞机的理论最小间距为 1 540 mm,为安全起见,建议 RTK 模式下安全表演最小机间距大于 1 600 mm,示意分析如图 11 - 1 所示。

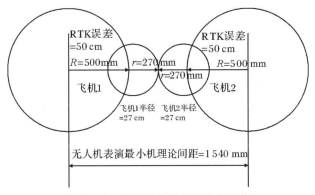

图 11 - 1　飞机最小机间距分析图解

当编队表演的通信受到干扰导致 RTK 基站广播信号丢包,编队飞机跳出 RTK 状态,RTK 处于浮动解时,定位误差范围是一个以理论定位点为圆心,以 1.5 m 为半径的误差圆,典型的实际飞行测试结果见表 11-2。

表 11-2　惯性导航+RTK 融合导航定位精度

性能指标	数　值
姿态角测量稳定性/(°/h)	18
静态俯仰/横滚角精度/(°)	0.2
动态俯仰/横滚角精度/(°)	0.3
偏航角精度/(°)	1
GPS/RTK+IMU(惯航单元)融合导航解算频率/Hz	333.33
RTK 浮动时水平位置精度/m	0.5
RTK 浮动时垂直位置精度/m	1.5
RTK 固定时水平位置精度/m	0.1
RTK 固定时垂直位置精度/m	0.2
测速精度/(m·s^{-1})	0.05
GPS 解算更新频率/Hz	5
RTK 差分广播更新频率/Hz	1

同理,分析最小飞机之间的间距,如果要确保表演中飞机跳出 RTK 状态不发生碰撞,理论最小机间距为 3.540 m,为安全起见,建议考虑飞机跳出 RTK 模式时的安全表演最小机间距大于 4 m。

处于普通 GPS 定位模式,定位误差范围是一个以理论定位点为圆心,以 2.5 m 为半径的误差圆。同理,要确保表演中飞机不发生碰撞的理论最小机间距为 5.540 m,为安全起见,建议考虑飞机的安全表演最小机间距大于 6 m。

因此可以在不考虑其他因素的前提下,编队表演飞行规范规定如下:

(1)采用普通 GPS 定位的编队飞机飞行的最小间距建议大于 6 m。

(2)采用 GPS/RTK 定位的编队飞机不具备 RTK 差分广播多链路备份时,编队飞机的最小间距建议大于 4 m。

(3)采用 GPS/RTK 定位的编队飞机具备 RTK 差分广播多链路备份时,编队飞机的最小间距建议大于 1.6 m。

11.2　最小飞行表演间距与飞机速度的关系

　　深圳大漠大智控技术有限公司推出的 DMD－M400W V1.1 飞机额定的飞行表演速度是 5 m/s;DMD-M400W V2.2 飞机额定的飞行表演速度是 8 m/s,这一差别产生的原因主要是动力学特征参数(如飞机质量、转动惯量、螺旋桨动力、空气阻力、海拔高度等)、飞控硬件(如传感器精度、传感器温漂、中央处理器处理速度)和飞行控制算法共同决定的,就像加速度大且刹车灵活的汽车一样,设计优良的飞机可以使得编队飞机具有良好的操纵性,因而在同样的飞机间距下,可以保持较高的飞行表演速度,而较高的飞行表演速度可以增加艺术美感和动感。

　　这是在其他因素不变的情况下得出的理想结果,实际飞行表演中,还有其他一些因素对安全飞行的最大速度产生限制和影响。如果表演的风速过大,会使得飞机的空气阻力发生急剧的变化,使飞机的动力学特征参数产生改变,也会影响飞机的飞行控制调整的时间和速度。同样环境温度的过低或过高也会影响传感器的精度,直接影响导航定位的精度误差。

　　在特殊条件下,需要对飞机的飞行表演速度或者间距做些一灵活的调整,以确保飞行表演的安全稳定,比如在高海拔地区表演,螺旋桨的空气动力就会急剧下降,飞机的加速性能就会降低,飞行表演的速度就会下降,间距也要做适当加大的修正;再比如风速变大时,可以适当加大飞机的飞行间距,以此增强飞行表演的安全稳定性。

11.3　最小飞行表演间距与空气动力学要素的关系

　　首先了解一下空气阻力的动力学概念,空气阻力计算公式为

$$F = \frac{1}{2} C \rho S v^2$$

式中:C 为空气阻力系数,该值通常是实验值,它和飞机的特征面积(迎风面积)、机体的光滑程度和整体形状有关;ρ 为空气密度,跟气温和海拔直接相关;S 为

飞机的迎风面积；v为飞机与空气的相对运动速度。

由上式可知，正常情况下空气阻力的大小与空气阻力系数及迎风面积成正比，与速度二次方成正比。在飞机间距很小（如飞机间距小于 2 m）且飞机的阵列很密集的情况下，飞机编队之间的空气扰动将增加飞机额外的空气阻力，会使得飞机的动力学特征参数发生显著的变化，表现特征是增加飞机的能耗和锂电池的耗电量，根据"阻力功率损耗＝阻力×速度"这个关系式不难看出，锂电池的耗电量与飞机飞行速度的三次方成正比。因此在低温条件下，特别强调要求将飞机表演速度降低或加大飞机表演的间距，这样可以延长电池的续航时间，也相应地增加飞行表演的安全性，这个方法在多次的低温飞行表演的环境中得到了真实的验证。

第 12 章　飞行应急方案与飞行安全

集群飞行可以看作一个系统工程,当集群中飞机的数量增大时,要保持系统的稳定性,难度会指数级增加。整个飞行环节中任何一环出现问题,飞行都没有办法顺利进行,造成的损失是不可估量的,在飞行环节中预备应急方案可以大大增加集群飞行的稳定性。

应从以下四方面做好应急预案。

(1)建立安全应急响应机制。对编队表演建立七级安全应急响应机制。

(2)应急设备及应急人员。为应对特殊情况,项目执行中应对关键设备进行备份并指定应急响应责任人。

(3)规范集群飞行救机操作。集群飞行过程中规范飞行工程师救机操作,提高救机成功率。

(4)进行集群飞行应急演练。对飞行团队进行集群飞行异常情况应急方案演练。

12.1　建立安全应急响应机制

对编队表演建立七级安全应急响应机制,确保飞行安全。

1. 第一级应急处置:拒绝不健康飞机升空

在飞机起飞之前,地面飞手对电池进行电量及合格性检查;对所有飞机的螺旋桨、电机、电池进行紧固性检查;然后地面站及飞机飞控软件再对飞机进行健康检查,编队软件将故障飞机替换或从编队中剔除,杜绝有故障的飞机升空。

2. 第二级应急处置：超出气象范围暂停飞行

在表演前 5 min 一直保持风力和气象监测，DMD - M400W V1.1 的集群飞行极限风速在 7.5 m/s，当空中风力大于 7.5 m/s 或雨量大于 10 mm/24 h 时，地面站项目总指挥需做出暂停飞行指令。

3. 第三级应急处置：避开电磁范围的干扰并启动备份

采用无线频谱分析仪监测地面站通信链路、RTK 链路、遥控器链路、GPS 信道的干扰情况，在表演前 30 min 可以通过信道设置更改避开干扰，如在表演过程中遇到通信链路突发干扰时，设备启用无线通信 3 链路备份和在线离线软件热切换，确保不影响演出。

4. 第四级应急处置：电池低电量自动返航

编队飞机中，电池出现低于正常工作电压时，发出低电量告警，飞机的飞控系统自动启动低电量返航，该飞机可以熄灯退出表演。

5. 第五级应急处置：飞机故障时由飞手接管控回地面

在前期场地勘测时，选择一个合理的位置作为应急降落点，保证在异常情况发生时进行应急降落，确保不会对游客造成伤害。在飞机出现 GPS 丢星、传感器故障等情况下能够通过飞手将故障飞机手动控回应急降落点，飞手护航技术在编队表演的安全可靠性中发挥了非常重要的作用。

6. 第六级应急处置：通过电子围栏设置安全飞行区

通过对编队飞机设置电子围栏，使得飞机的表演区域避开人群，防止飞机飞出安全区域，当飞机到达电子围栏边缘时，飞机会自动返航，避免飞入人群密集区域。

7. 第七级应急处置：地面站停止表演或返航

由于采用了在线和离线一体化的融合技术，在正常表演过程中，如果出现恶意干扰或大批量飞机异常，并且确认不能继续表演的情况，可以通过地面站暂停表演，通过地面站选择飞机，批量进行返航或者切换到手动模式，由飞手控制降落飞机，此时，一定要特别注意周边环境情况，根据现场飞行的具体情况做出相应应急处理。

12.2　应急设备及应急人员

为应对集群飞行突发情况,需要设立应急设备及应急人员。应急设备遵循的原则是飞机、电池备份总数量的 5%,通信设备额外备份一整套,应急设备清单见表 12-1。其中 N 表示执行项目飞行的架次数,譬如飞行团队接到一次飞行 300 架次的飞行任务,此项目对应的 N 值即为 300。第一横栏说明执行一次 300 架次的项目需要备用 300×0.05=15 架飞机,如备用的数量为整数数值,则额外备用数值套即可,需要说明的是若备用数值非整数,则需要对数值进行进一取整。譬如第 14 横栏,需要备份的 AP 数量为 300/200=1.5,对 1.5 进行进一取整,即需要备份 2 个 AP。

表 12-1　应急设备清单

序　号	设备名称	单　位	备份数量
1	飞行器	架	$N×0.05$
2	飞行器电池	个	N
3	遥控器	个	1
4	电池充电转接线	根	$N×0.05$
5	电池平衡线	根	$N×0.05$
6	UPS 电源	个	1
7	BB 响测电器	个	2
8	充电器套装	套	2
9	头灯	个	2
10	对讲机	台	2
11	风速仪	个	1
12	地面站电脑	台	1
13	通用三脚架	台	1
14	AP	个	$N/200$
15	AP-适配器	个	$N/200$
16	AP-POE 合路器	个	$N/200$

续表

序　号	设备名称	单　位	备份数量
17	AP-三角架	个	1
18	AP-天线	根	$N/200 \times 3$
19	网路交换机	个	1
20	长网线(大于 10 m)	根	2
21	短网线(小于 10 m)	根	2
22	基准站套装	套	1
23	差分一分二一体线	根	1
24	电台发送设备	台	1
25	电台发送中继设备电源	个	1
27	银色玻璃钢天线	根	2

对于飞机、电池及相关配套设备按总数量 5% 备份,这个数据得到了深圳大漠大上千个项目的验证,被证明是可行的。

项目团队中设立地面站总指挥,当总指挥出于某些原因无法正常工作时,指定某一应急人员替补。对于其他岗位的工作人员,也要安排相应的应急人员作为替补。

为发挥应急设备的价值,项目人员需要在发货之前确认应急设备能正常工作,并根据实际场景进行相应配置。人员需要在项目测试阶段对应急设备在内的所有设备调试好。项目执行过程中,必须同时架设备份设备,确保应急时可以快速切换。项目执行结束后,人员将应急设备在内的所有设备装在对应的设备箱里。

12.3　规范集群飞行救机操作

当集群飞行表演中出现异常飞机时,由飞手接管飞机并降落到应急降落点。当整个集群飞行编队远离飞手,并且飞机本身依据航线不停运动时,此时飞手无法快速采用动作,会耽误最佳救机时间,为此,深圳大漠大智控技术有限公司在地面站设计了反馈机制,可以给地面站控制人员快速反馈异常数据,以配合飞手进行救机。图 12-1 为地面站软件将异常依据类别显示。地面站提示故障飞机,其次显示异常类别,圆形图标内显示飞机编号,在最下端显示收星数量、运动方式(LD 表示 land,着陆),以及固定解率。

图 12-1 地面站显示异常数据

地面站操作员和飞手在应急救机时应保证应急救机动作指令的一致性,否则可能存在矛盾操作,矛盾操作会增加飞机撞机的可能性。为避免此类情况发生,深圳大漠大规范集群飞行的救机操作,飞行过程中仅出现一架飞机异常。飞机异常情况及规范处理方式见表12-2。以第 1 类异常为例,当飞机机臂灯闪烁红灯并返航时,同时地面站软件界面显示 B 类异常,则地面站操作员和飞手不需要做任何操作,飞机将自动返航,以此类推,处理其他异常飞机救机操作。

表 12-2 飞机异常情况及规范处理方式

序号	飞机飞行现象	地面站显示 异常类别	可能故障	规范处理方式
1	飞行器双机臂灯闪烁红灯并飞向起飞点	B	电池低电	飞行器自动返航
2	飞行器双机臂灯闪烁红灯并飞向起飞点	F	触发围栏	飞行器自动返航
3	飞行器双机臂灯闪烁红灯并飞向起飞点	C	触发围栏	飞行器自动返航

续表

序号	飞机飞行现象	地面站显示异常类别	可能故障	规范处理方式
4	飞行器缓慢朝一个方向位置晃动	无	IMU 轻微抖动	地面站控制者将飞行器切换到返航模式
5	飞行器快速朝一个方向位置晃动	E	IMU 严重抖动	飞行工程师使用遥控器将飞行器降落到安全区域
6	飞行器严重偏高既定位置,但是不存在位置晃动现象	无	差分通信中断	地面站控制者将飞行器切换到返航模式
7	飞行器严重偏离即定位置,但是不存在位置晃动现象	无	差分通信中断	飞行工程师使用遥控器将飞行器降落到安全区域
8	飞行器机臂灯变为青色或者绿色	无	定位模块受到轻微干扰	地面站控制者将飞行器切换到返航模式
9	飞行器机臂灯变为蓝色且存在位置晃动现象	E	定位模块受到严重干扰	飞行工程师使用遥控器将飞行器降落到安全区域
10	飞行器在运动过程中突然停止移动	E	磁罗盘航向不准	飞行工程师使用遥控器将飞行器降落到安全区域
11	飞行器在活动过程中突然划圈运动	E	磁罗盘航向不准	飞行工程师使用遥控器将飞行器降落到安全区域
12	飞行突然自动降落且存在位置晃动现象	E	磁罗盘停止工作	飞行工程师使用遥控器将飞行器降落到安全区域

在集群飞行表演中,一个飞手同时监控的飞机数量不超过 200 架,当表演期间同一飞手监控的飞机出现多架飞机异常时,飞手将多架异常飞机控离集群,控制在安全区域上空,地面站操作员配合飞手依据表 12-2 中规范处理方式进行相关操作。

当大面积飞机出现异常时,地面站操作员将暂停飞行表演,依据应急响应机制进行操作。

12.4　人员集群飞行应急演练

深圳大漠大智控技术有限公司表演执行团队要求将应急救机的方式引入日常训练中,模拟处理异常情况,为真实发生突发情况时做好应急准备,同时要求将将演练过程记录整理成文档分享。

1. 应急演练场景:飞行表演过程中突发恶劣天气,飞行团队如何应对

2020 年某月某日,位于深圳大漠大智控技术有限公司珠海训练场。参与此次演练的人员有地面站操作人员、无人机飞行工程师以及地勤人员共计 140 人。应急演练在表演过程中模拟突发大雨情况下,全员快速反应,做好人员、无人机及相关配套的保护措施。演练当天全体人员分工合作,一部分人员有条不紊地用防雨布盖住无人机,其余人员将配套设备装入专用防水设备箱,在所有人的共同努力下,做到了财产零损失。此次演练为大型演出项目积累了宝贵经验。图 12-2 为该次演练部分场景图。

图 12-2　演练场景

2. 应急演练场景：集群表演中飞机出现异常，飞手和地面站操作人员依据规范进行救机

2021 年某月某日，位于深圳大漠大智控技术有限公司惠州测试场地，演练飞机故障时由飞手接管控回地面。参与此次演练的人员有全部飞行工程师及地面站操作人员，共计 30 人。在演练飞机异常情况下，飞手和地面站操作人员相互配合救机，演练过程中，安排公司专业人员进行现场监督考核，对飞手和地面站操作人员的技术进行打分。图 12-3 为演练飞机故障时飞手遥控飞机返回地面的部分照片。

图 12-3　飞机故障时飞手遥控飞机返回地面

3. 应急演练场景：大规模飞机存在异常情况下，停止演出的操作

2021 年某月某日，位于深圳大漠大智控技术有限公司深圳测试场地，参与演练的人员有全部地面站操作人员及飞手，共计 30 人。演练大批飞机出现异常情况下，通过地面站停止演出，包含的异常情况有触发围栏、差分通信中断、定位模块受干扰等场景,图 12 - 4 为批量飞机出现异常时地面站报错界面,图 12 - 5 为地面站操作员终止表演后飞机返回起飞点的照片。

图 12 - 4　批量飞机出现异常地面站报错界面

图 12 - 5　终止表演飞机返航

第13章 集群飞行日志管理与飞行安全

集群飞行日志包含飞行器日志和地面站日志。飞行器日志记录飞行器在运行过程中的飞行状态以及各传感器的数据,自动存储在飞机的黑匣子中;地面站日志记录地面站操作员的操作内容以及集群飞行的整体状态,自动存储在地面站电脑。在执行飞行任务的过程中,只从飞机的外观是无法判断出飞机是否正常的,从问题飞机的异常现象也不能完全判断是哪些部件出现问题,此时需要结合查看集群飞行日志确认飞机各项数值是否正常和环境是否合适飞行。因此,对于日志的管理及查看非常重要,集群飞行安全与之息息相关。

集群飞行日志的查看主要在以下场合使用。

(1)环境检测:对于环境复杂的场地,可以通过日志进行分析,判断场地是否可以进行飞行表演。

(2)故障诊断:集群飞行过程中有问题的飞机,可结合日志进行分析,快速确定问题所在,对飞机进行维修。

(3)迭代升级:针对飞机存在的问题进行硬件和软件版本升级。

13.1 环 境 检 测

无人机集群需要大量通信设备同时工作,由于设备的质量和体积过大,在勘测飞行场地时无法带到飞行现场,这时需要通过使用单架飞机进行环境监测,并查看日志确认飞行环境是否满足飞行条件。

集群飞行安全要求飞行场地的实际收星数大于 12 颗。以深圳大漠大智控技术有限公司 2020 年某一次项目中一架飞机勘测日志为例,如图 13-1 所示,在 MP 地面站中右侧勾选 SAT0→qual 选项,纵坐标数值表示质量收星数,横坐标表示记录日志数据的数量。从图中可以看出飞行过程中飞机实际收星数量均大于 12 颗,满足飞行环境的收星要求。

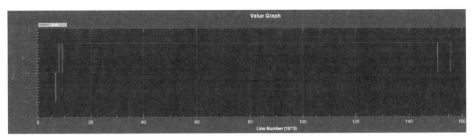

图 13-1　飞机勘测日志 qual 选项

集群飞行安全要求飞行现场不能存在卫星信号被干扰的情况,因此需要在勘测飞行场地时,在飞行区域周边选取角落的 8 个点,进行卫星信号干扰检测。以深圳大漠大智控技术有限公司于 2020 年某一次项目中一架飞机勘测日志为例,图 13-2 为在 MP 地面站中右侧勾选 G0DS→dge 选项,经过反复测试,将干扰情况分成 5 挡,分别用 0,1,2,3,4 表示,横坐标表示记录日志数据的数量。从图 13-2 中可以看出飞机运行监测前期未受到干扰,运行到监测中期出现严重干扰。实际飞行过程中需要找到干扰源并排除后方可继续飞行。深圳大漠大智控技术有限公司只有在检测干扰程度为 0 时才允许进行集群飞行。

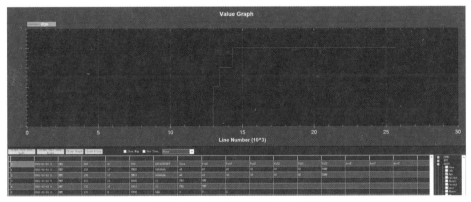

图 13-2　飞机勘测日志 dge 选项

13.2　故　障　诊　断

集群飞行要做到拒绝不健康的飞机升空,仔细排查并处理每一架异常飞机存在的问题,这也是深圳大漠大做到零飞行事故的重要方法之一。

13.2.1　故障诊断与反馈流程

为了使整个集群飞行表演更加规范安全，深圳大漠大专门成立技术中心，建立集群飞行反馈流程，如图13-3所示，安排专业的人员对每一架异常飞机情况进行记录并追踪。

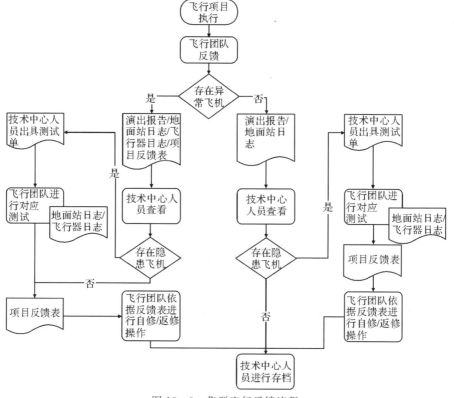

图13-3　集群飞行反馈流程

以下对异常飞机反馈流程进行说明。

1.目的

(1)排查隐患飞机，拒绝不健康的飞机升空。

(2)对异常飞机进行故障诊断，确保飞机恢复正常后再次使用。

2.分步说明

若此次表演出现异常时，则按照如下步骤进行处理：

（1）飞行团队执行演出项目，当演出存在异常飞机时，飞行团队需要提供演出报告、地面站日志、飞机日志和项目反馈问题表给到技术中心人员。

（2）技术中心人员依据反馈的资料进行查看，诊断飞机存在的问题。

（3）技术中心人员发现此次演出存在隐患飞机时，出具测试单。

（4）飞行团队依据测试单的内容和要求进行相应的测试并反馈此次测试对应的地面站日志、飞机日志给到技术中心人员。

（5）技术中心人员根据地面站日志及飞机日志分析数据，并把相关原因汇总为项目反馈表给到飞行团队。

（6）飞行团队依据项目反馈表的处理方法分别对相应飞机进行自修或返修。

（7）技术中心人员将飞行演出报告依据项目和日期进行分类存档。

若此次演出不存在异常飞机时，则按照以下步骤进行处理：

（1）飞行团队需要提供演出报告、地面站日志给到技术中心人员。

（2）技术中心人员依据反馈的资料进行查看，查找是否存在隐患飞机。

（3）此次演出存在隐患飞机时，技术中心人员出具测试单。

（4）飞行团队依据测试单的内容和要求进行相应的测试并反馈此次测试对应的地面站日志和飞机日志给到技术中心人员。

（5）技术中心人员根据分析问题汇总成项目反馈表给到飞行团队。

（6）飞行团队依据问题反馈表的处理方法分别对异常飞机进行自修或返修。

（7）技术中心人员将飞行演出报告依据项目和日期进行分类存档。

（8）若此次演出不存在隐患飞机时，技术中心人员对飞行演出依据项目和日期进行分类存档。

以此依据集群飞行日志完成飞机问题诊断操作。

13.2.2　通过地面站日志对飞机问题进行诊断

对于飞机的异常情况，深圳大漠大将飞机异常分为 7 个类别，具体分类方式见表 13-1，对于有隐患的飞机，地面站日志记录为出现偏航，在集群飞行过程中，飞机出现任何异常或者偏航，地面站将发出警报并将其记录下来。

表 13 - 1　飞机异常分类

序号	异常类别	地面站显示	异常原因	异常时飞行器行为
1	遥控器失联	R	姿态,定高,悬停模式下遥控器失联	返航
2	触发低电	B	电池没电或者测电不准	返航
3	飞机失联	G	飞行器和地面站失联	继续飞行
4	EKF	E	飞控传感器出现故障	降落,水平位置漂移
5	触发围栏	F	飞行超出围栏范围	返航
6	航点出错	W	飞控软件	返航
7	失联	C	动力系统失效	失联,

地面站的日志查看显示如下:

地面站日志从打开地面站应用软件时自动开始记录,至关闭地面站运行软件截止,地面站日志记录了地面站控制人员的所有操作指令、飞机的异常情况、飞行的位置和时间。通过地面站日志,可查看地面站操作员的操作内容及无人机的整个飞行状态。

以深圳大漠大智控技术有限公司某一项目记录的地面站日志为例。使用文本文件的打开方式打开地面站日志,具体操作步骤如下:

1. 查看飞机报异常的情况

飞机报异常日志记录如图 13 - 4 所示,从左往右的信息依次表示:警告 728 号飞机发生 E 类别异常,随后将编号、目标纬度、目标经度、目标高度、当前纬度、当前经度、当前高度、GPS 星数、电池电压、WIFI 强度、差分电台强度和遥控器强度信息显示出来。

```
Warn|19:51:49.308|UavParser|uav728 failsafeHappening: R False| B False| G False| E False| F False| W False| C False, failsafeHappened: R False| B False| G False| E True| F False| W False| C False
Warn|19:51:49.900|UavStateUpdater|728,30.9132226,121.8996975,166.457,30.9132159,121.8996404,166.371,20,11.4,2,100,546
```

图 13 - 4　飞机报异常日志记录

2. 查看飞机出现偏航情况

飞机出现偏航情况地面站显示如图 13 - 5 所示,从左往右依次将飞机的编号、目标纬度、目标经度、目标高度、当前纬度、当前经度、当前高度、GPS 星数、电池电压、WIFI 强度、差分电台强度、遥控器强度信息显示出来,日志显示飞行器和目标位置偏离 5.5 m 并告警。

```
Warn|19:51:49.900|UavStateUpdater|728,30.9132226,121.8996975,166.457,30.9132159,121.8996404,166.371,20,11.4,2,100,546
Warn|19:51:49.901|PlayControl|uav728 may be far from desire in G, dist 5.5
Warn|19:51:49.901|PlayControl|uav728 too far from desire in G, dist 5.5
Warn|19:51:50.410|UavStateUpdater|728,30.9132226,121.8996975,166.457,30.9132159,121.8996404,166.371,20,11.4,2,100,546
Warn|19:51:50.411|PlayControl|uav728 may be far from desire in G, dist 5.5
Warn|19:51:50.411|PlayControl|uav728 too far from desire in G, dist 5.5
Warn|19:51:50.921|UavStateUpdater|728,30.9132226,121.8996975,166.457,30.9132159,121.8996404,166.371,20,11.4,2,100,546
Warn|19:51:50.922|PlayControl|uav728 may be far from desire in G, dist 5.5
Warn|19:51:50.922|PlayControl|uav728 too far from desire in G, dist 5.5
Warn|19:51:51.430|UavStateUpdater|728,30.9132226,121.8996975,166.457,30.9132159,121.8996404,166.371,20,11.4,2,100,546
Warn|19:51:51.431|PlayControl|uav728 may be far from desire in G, dist 5.5
Warn|19:51:51.431|PlayControl|uav728 too far from desire in G, dist 5.5
```

图 13 - 5　地面站显示偏航的记录

3. 查看飞机在整个集群飞行过程的状态

图 13 - 6 为地面站日志显示为 728 号飞机在整个集群飞行过程中的状态，同时，在地面站日志里面直接搜索"uav＋飞机编号"，可以看到该编号的飞机在整个集群飞行过程中的状态。

```
Warn|19:51:49.308|UavParser|uav728 failsafeHappening: R False| B False| G False| E False| F False| W False| C False, failsafeHappened: R False| B False| G False| E True| F False| W False| C False
Warn|19:51:49.900|UavStateUpdater|728,30.9132226,121.8996975,166.457,30.9132159,121.8996404,166.371,20,11.4,2,100,546
Warn|19:51:49.901|PlayControl|uav728 may be far from desire in G, dist 5.5
Warn|19:51:49.901|PlayControl|uav728 too far from desire in G, dist 5.5
Warn|19:51:50.410|UavStateUpdater|728,30.9132226,121.8996975,166.457,30.9132159,121.8996404,166.371,20,11.4,2,100,546
Warn|19:51:50.411|PlayControl|uav728 may be far from desire in G, dist 5.5
Warn|19:51:50.411|PlayControl|uav728 too far from desire in G, dist 5.5
Warn|19:51:50.921|UavStateUpdater|728,30.9132226,121.8996975,166.457,30.9132159,121.8996404,166.371,20,11.4,2,100,546
Warn|19:51:50.922|PlayControl|uav728 may be far from desire in G, dist 5.5
Warn|19:51:50.922|PlayControl|uav728 too far from desire in G, dist 5.5
Warn|19:51:51.430|UavStateUpdater|728,30.9132226,121.8996975,166.457,30.9132159,121.8996404,166.371,20,11.4,2,100,546
Warn|19:51:51.431|PlayControl|uav728 may be far from desire in G, dist 5.5
Warn|19:51:51.431|PlayControl|uav728 too far from desire in G, dist 5.5
Warn|19:51:51.940|UavStateUpdater|728,30.9132224,121.8996980,165.087,30.9132920,121.8996082,164.931,20,11.6,2,100,0
Warn|19:51:52.450|UavStateUpdater|728,30.9132224,121.8996980,165.087,30.9132920,121.8996082,164.931,20,11.6,2,100,0
Warn|19:51:52.960|UavStateUpdater|728,30.9132224,121.8996980,165.087,30.9132920,121.8996082,164.931,20,11.6,2,100,0
Warn|19:51:53.471|UavStateUpdater|728,30.9132224,121.8996980,165.087,30.9132920,121.8996082,164.931,20,11.6,2,100,0
Warn|19:51:53.979|UavStateUpdater|728,30.9135568,121.8996542,162.683,30.9134289,121.8996236,161.874,20,11.6,2,100,0
Warn|19:51:54.489|UavStateUpdater|728,30.9135568,121.8996542,162.683,30.9134289,121.8996236,161.874,20,11.6,2,100,0
Warn|19:51:55.000|UavStateUpdater|728,30.9135568,121.8996542,162.683,30.9134289,121.8996236,161.874,20,11.6,2,100,0
```

图 13 - 6　地面站日志记录飞机在整个集群飞行过程中的状态

13.2.3　通过飞行日志诊断无人机问题

无人机记录从飞机电机解锁到电机上锁期间的飞行状态以及各个传感器的数据，可通过查看日志诊断飞机的异常是由哪个部件导致的。

首先需要查看飞机的 EVT(event，事件)记录，如图 13 - 7 所示，第一纵栏代表记录的类别，第二纵栏代表记录的类别时间，自电机解锁开始记录，单位为ms，第三纵栏表示发生的事件号，第四纵栏表示事件号对应的参数值。其中事件号和事件号对应的参数值见表 13 - 2，第一纵栏代表记录事件号，第二纵栏代表事件号对应的具体事件内容，第三纵栏表示发生的事件号对应的参数值，第四纵栏表示事件号对应的参数值对应的具体模式。

O	Time	Event	Param
EVT	2186194	38	1
EVT	2187895	38	2
EVT	2187897	38	2
EVT	2190122	36	1
EVT	2406751	16	0
EVT	2410751	17	0

图 13-7　飞机的 EVT 记录

表 13-2　事件号和事件号对应的参数值

event 值	对应事件	paramffi （对应的 event 为 4,5）	对应模式
0	解锁请求	0	姿态
1	上锁请求	2	定高
2	解锁成功	4	G
3	上锁成功	5	悬停
4	切模式请求	6	返航
5	切模式成功	9	降落
6	开始记 Log		
7	停止记 Log		
8	进入电机急停状态		
9	退出电机急停状态		
10	地面站失联		
11	地面站重新连上		
12	故障:地面站失联		
13	故障解除:地面站失联		
14	故障:EKF		
15	故障解除:EKF		
16	遥控器失联		
17	遥控器恢复		
18	故障:遥控器失联		
19	故障解除:遥控器失联		
20	故障:低电		

续表

event 值	对应事件	paramffi（对应的 event 为 4,5）	对应模式
21	故障解除:低电		
22	故障:触发围栏		
23	故障解除:触发围栏		
24	故障:航点无效		
25	故障解除:航点无效		
26	起飞		
27	着陆		
28	烟花或撒花启动		
29	烟花或撒花关闭		
30	1MU 停止工作		
31	气压计停止工作		
32	磁罗盘停止工作		
33	GPS 停止工作		
34	电压监测停止工作		

根据飞机记录的事件对飞机进行进一步的诊断,由于飞机涉及的部件非常多,此处不一一列举,仅以电池低电为例进行说明。深圳大漠大智控技术有限公司根据飞机使用动力系统的特点,以及反复实践得出判据,认为将DMD - M400W V1.1型号的低电电压设置为 10.4 V 比较合理,飞机在飞行过程中电压低于该值时将发生低电返航现象。通过日志可以准确地看到飞机电压随时间的变化,如图 13 - 8 所示,飞行日志中记载了这次低电返航现象。

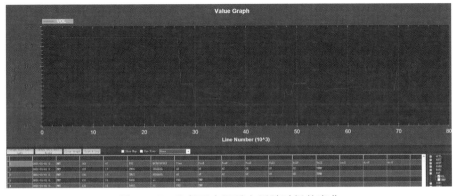

图 13 - 8　飞行日志记录电压随时间的变化

项目执行期间,技术支持中心的人员会持续对项目报告进行存档,积累经验,不断提升集群飞行表演的质量,技术中心与飞行团队对于项目执行期间的相互反馈要求使用项目反馈表,项目反馈表见表13-3。

表13-3　项目反馈表

问题飞机编号	现象描述	电量情况	电机桨叶情况	地面站显示	是否碰撞	飞机 Log	地面站 Log	诊断

深圳大漠大智控技术有限公司将每一次飞行表演当成一次正式的技术检验,每一次出现的问题都会在软件或硬件进行改进并升级,使得系统的稳定性不断增强。

第14章 飞行表演流程与飞行安全

将民用航空管理事项融入无人机编队飞行管理中,核心的要点是对无人机编队飞行进行安全放飞清单的确认和签字管理,严格按照编队飞行表演的固化流程执行项目,这是确保安全的关键所在。

14.1 禁 飞 条 件

严格执行编队飞行表演流程,做到每个环节都有专人负责,每个环节都签字确认,确保飞行前及飞行过程中不出现任何人为错误,同时所有执行人员应当明确,严禁在下列超出规范要求条件下进行无人机编队表演:

(1)风速大于 7.5 m/s 的天气。

(2)下雨、下雪天气。

(3)温度低于 −5℃的超低温天气。

(4)温度高于 45℃的超高温天气。

(5)超过 4 000 m 海拔高度的表演环境。

(6)GPS 卫星信号收星(实际质量星数量低于 12 颗)不足,存在高层建筑严重遮挡。

(7)GPS 卫星信号存在严重干扰。

(8)RTK 差分电台或 WIFI 通信信道存在严重干扰。

(9)无人机锂电池电量不足。

(10)编队飞机健康检查中存在故障的飞机没有被剔除或替换。

(11)表演区域及飞行轨迹投影正下方,及外延 15 m 区域内有人。

(12)没有进行空域申报和治安报备。

14.2　表　演　流　程

为了确保表演的顺利和完美,一定要严格按照规范的流程进行,严格规范的表演流程如下。

1.表演场地勘测

确认场地面积是否合适,确认起降位置、飞行线路、表演位置、观赏位置,评估现场电磁环境及通信信道与干扰情况,明确设备储存仓库及锂电池充电环境;同时进行起降场地、飞行线路、表演区域、观赏区域的规划,确保飞机飞行路径和表演区域正下方没有人和车,并保持至少15 m以上的安全隔离距离。

为防止仿真环境和真实环境存在偏差,场地勘测还需要明确高层建筑遮挡及卫星收星情况、通信信道现状等,场地勘测人员要提供详细的《场地勘测报告》,详细标注飞行表演区域的宽度和高度,还有相关的高楼、马路等,设计部门依据《场地勘测报告》进行艺术设计,艺术设计人员通过剧本编辑器进行剧本编辑,提前进行路径规划,如图14-1所示。

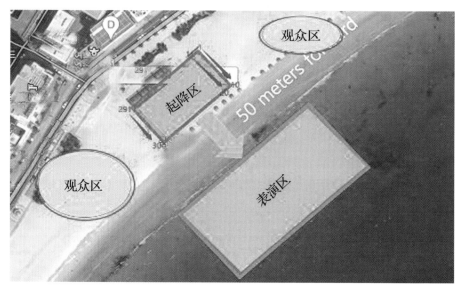

图14-1　路径规划示意图

2. 空域申请

在申请空域时,需要提供无人机产品说明书、表演无人机设备序列号(Serial Numbe,S/N)、登记编号(需要在民航实名制登记系统中注册登记)、营业执照复印件或扫描件、民用无人驾驶航空器经营许可证、企业法人身份证复印件、执行飞手的 AOPA/ASFC 资格证书(深圳大漠大智控技术有限公司颁发的 DMD－M400W 编队表演产品技术培训合格证)。

每次飞行之前需要得到空军批准的空域许可文件,每次起飞降落都要打电话报备,得到批准之后才能正常进行飞行;按照批准要求做好安保措施、应急预案,坚决杜绝违法的"黑飞"行为,战区的空域批准函如图 14－2 所示。

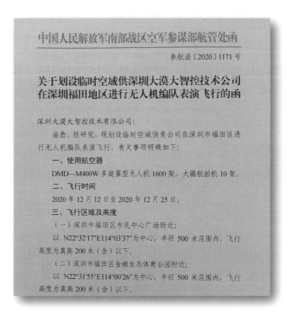

图 14－2　空域批准函

3. 公安报备

无人机编队表演除了需要按照空域管制要求获得批准外,还要求向当地公安治安主管部门申请报备,报备文件要求提供空域审批文件、安保方案、应急预案、商业保险凭证等,公安报备需要准备的材料清单如下:

(1)空域批准函;

(2)无人机产品说明书;

(3)表演执行团队营业执照复印件或扫描件;

(4)民用无人驾驶航空器经营许可证;

(5)企业法人身份证复印件;

(6)飞行活动执行飞手相关资质证书及身份证复印件;

(7)飞行表演活动流程和现场安保方案;

(8)飞行保障安全责任主体承诺书;

(9)飞行表演突发事件应急预案;

(10)表演无人机设备 S/N 登记编号(需要在民航实名制登记系统中注册登记);

(11)无人机表演保险单;

(12)执行团队安全演练和安全教育说明书;

(13)场地使用证明或场地租赁合同或场地授权书;

(14)公安机关派员情况或专业安保合同书;

(15)飞行表演当日图案及文字内容说明或国企及事业单位授权委托书;

(16)无人机表演单位“低、小、慢”航空器飞行活动书面申请书。

4. 保险购买

无人机飞行表演前需购买第三方意外责任险、表演设备的财产险及执行人员意外险,并且做好相关安全保障工作,保险凭证如图 14-3 所示。

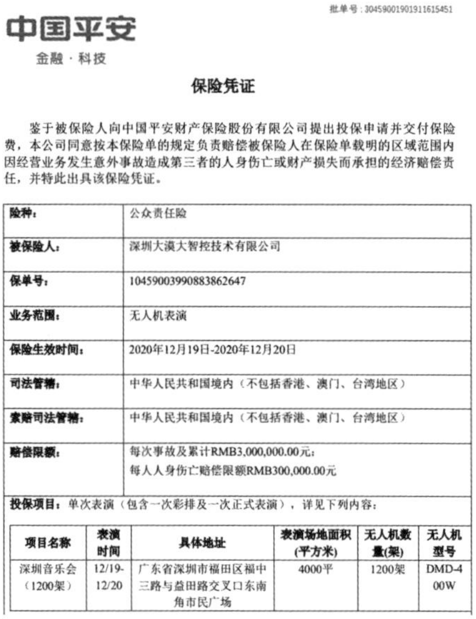

批单号:30459001901911615451

中国平安

金融·科技

保险凭证

鉴于被保险人向中国平安财产保险股份有限公司提出投保申请并交付保险费,本公司同意按本保险单的规定负责赔偿被保险人在保险单载明的区域范围内因经营业务发生意外事故造成第三者的人身伤亡或财产损失而承担的经济赔偿责任,并特此出具该保险凭证。

险种:	公众责任险
被保险人:	深圳大漠大智控技术有限公司
保单号:	10459003990883862647
业务范围:	无人机表演
保险生效时间:	2020年12月19日-2020年12月20日
司法管辖:	中华人民共和国境内(不包括香港、澳门、台湾地区)
索赔司法管辖:	中华人民共和国境内(不包括香港、澳门、台湾地区)
赔偿限额:	每次事故及累计RMB3,000,000.00元; 每人人身伤亡赔偿限额RMB300,000.00元

投保项目: 单次表演(包含一次彩排及一次正式表演),详见下列内容:

项目名称	表演时间	具体地址	表演场地面积(平方米)	无人机数量(架)	无人机型号
深圳音乐会(1200架)	12/19-12/20	广东省深圳市福田区福中三路与益田路交叉口东南角市民广场	4000平	1200架	DMD-400W

图 14-3 保险凭证

5. 艺术设计编程

艺术设计编程包括表演内容的文字脚本、平面美术设计、3D 建模、3D 动画视频和剧本程序文件。需要按照客户要求的每一帧画面,做出平面美术点阵图,同时以点阵动画视频方式呈现给客户,做到所见即所得,如图 14-4 所示。

图 14-4　剧本平面设计图

6. 设备运输

按照发货清单进行设备清点并发货,如图 14-5 所示,确保设备安全运输到表演地点,到达表演地点之后对所有设备进行检查,确保设备数量准确及质量完好,做好设备存储工作。

图 14-5　设备发货现场

7.电池充电、存放及合格性筛选

确保充电场所的温度在 10～35℃ 之间,相对湿度 50%~85%,确保充电场所的充电功率达到要求,能够正常充电,充电时必须有人看守。充电场所如图 14-6 所示,应做好安全防护,准备灭火毯、二氧化碳灭火器、消防沙箱等设备。锂电池适合存放的环境温度是 15～25℃,相对湿度为 50%～85%,避免阳光直射或淋雨,保证通风;建议充电时充电器放置在防火毯上,充电房要与其他工作场所隔离;电池的充电过程中,应对有过放的电池或虚充的电池进行筛选淘汰,对状况优良的电池进行充电,锂电池循环使用超过 200 次后,应更换新的电池。所有锂电池要按规范进行电量电压检测,不合格电池单独分离存放。

图 14-6　充电场所

8.飞行团队安全教育和现场培训

每次飞行表演前,总指挥和项目负责人都要召集表演小组全体成员开动员会,对影响安全的重要因素进行讲解和考核提问,要求每个成员熟记于心,地面站、飞手、地勤等各岗位工程师要各司其职,特别是对飞手应急救机进行重点培训。

9.设备现场检查

飞机现场进行单机飞行检查,包括飞控、电机与电调、螺旋桨、接收机与遥控器、电台及通信模块、IMU、GPS 及差分模块、磁罗盘检查,对有问题的飞机进行及时修理或使用备用机进行替换,并做好记录,禁止使用状态异常的飞机进行表演,飞机要求下载安装最新版本固件,以确保飞行安全性;检查所有仪器设备电池电量,做好防雨防风准备。从一个地方到另一纬度变化过大的地方表演时,需要对飞机进行悬停测试,对不合格的飞机进行磁罗盘校准。

10. 设备现场部署

设备现场部署包括无人机桨叶和电池安装、网络设备架设、差分设备架设、网络规划（对无线通信进行干扰监测和信道规划）、差分设备验证，无人机按规定间距摆放，对无人机摆放区域进行封闭管理，禁止无关人员进入，同时做好安保措施。

11. 无人机上线检查

无人机正常开机，通过网络连接地面站软件，即"上线"，正常上线的无人机，可以直观地查看其飞行模式、GPS、电池、高度及网络等状态；如有异常状态无人机，可进行调试或者替换。地面站显示紫色表示 RTK 定位-固定解（最稳定），地面站无人机状态栏显示青色表示 RTK 定位-浮动解，地面站无人机状态栏显示绿色表示处于 GPS 定位状态，地面站无人机状态栏显示蓝色表示无 GPS 状态，地面站无人机状态栏显示黑色表示不在线。

12. 无人机参数检查设置

在集群地面站的参数设置界面，依次选择所有飞机、所有参数，进行读取或者设置操作（"读取"即将无人机内的参数与地面站参数做对比，"设置"即将地面站参数写入无人机内）。然后进行无人机集群参数设置，包括原点设置、剧本加载、偏移设置、起飞分组设置、降落分组设置、时间设置、预览和航点传输。

13. 表演剧本加载和 3D 仿真预览

加载剧本（由剧本编辑器编写并导出的剧本文件）、加载起降灯光（由剧本编辑器编写并导出的灯光文件）、修改映射（将实际飞机编号与剧本飞机编号一一对应）。预览时可 0.5 倍速/正常速/2 倍速/4 倍速进行 3D 仿真预览，可正常预览起飞、表演、降落的整个过程，可在预览过程中检查起飞、降落的间距问题。

深圳大漠大智控技术有限公司提供的剧本编辑器软件和集群地面站软件均可加载表演地点的环境地图，并对表演剧本进行 3D 仿真，避免低级错误的发生。

（1）在艺术设计编程阶段，剧本编辑器软件除了检查编队表演飞机之间的防碰撞外，同时结合表演地点的地形和地貌模拟对当地建筑物的避碰，可以提前规划所有飞机的飞行轨迹；通过剧本的 3D 仿真，可以真实直观地显示每一架无人机的位置信息。剧本编辑器还可以实现 3D 飞行画面的建模及仿真，使呈现的剧本更加生动形象。

（2）实际表演前，编队飞机上电时，利用集群地面站软件加载剧本文件进行 3D 仿真，如图 14-7 所示。地面站软件加载环境地图且进行 3D 仿真，可以更准确地掌握每一架飞机的飞行情况,避免任何操作失误导致飞机飞行方向错误引起的与建筑物碰撞,避免飞机位置摆放或飞行方向设计错误引起的低级失误,在很大程度上保证了飞行的安全。因此,再次强调:一定要在地面站软件上对即将飞行的剧本进行预览,在确认没有问题之后,再进行少架次轮廓飞行验证,之后再进行完整剧本的飞行测试验证(完整剧本测试一般在正式表演前一天进行)。

图 14-7 3D 仿真

14. 起飞前环境检查和安保确认检查

这些检查包括气象环境监测、电磁环境监测、安保状况监测,按照工作流程清单逐项检查,对每一步工作进行检查并签字确认,对工作流程中重点标注的地方着重检查,各项检查无误后,由总指挥确认并发布起飞指令。再次强调:飞行前一定要提前通报空域,并与当地相关民航管制接口部门进行实时报备。

(1)气象环境测试:对于大于 7.5 m/s 的风速、24 h 内的雨量超过 10 mm、小雪、气温低于-5℃、气温高于 45℃、海拔大于 4 000 m 环境等不适合表演的极端天气,应停止表演。

(2)电磁环境测试:对卫星信号(L1~L4 波段/B~B3 波段)、遥控器频段(2.405~2.485 GHz)、电台(860~868 MHz)、通信(5.180~5.825 GHz)信号频段用频谱仪进行监测,发现严重干扰后暂停准备工作,并逐项进行排查和解决干扰问题,确保通信信道正常后,才能进行表演。

(3)应急降落点选择:在无人机编队飞行表演过程中,可能会有故障飞机需要飞行工程师手动控制返航,返航的降落点就是应急降落点,需要在表演前合理规划,避开观众。

(4)表演放飞单:每次表演前的检查工作完成后,所有岗位相关人员对自己的工作流程和检查结果在表演放飞单上签字确认,确保各种安全措施落实到人。飞行表演放飞单责任检查签字表如图14-8所示。

_____项目灯光机工作流程

日期:2021年____月____日　　　　　　　　　项目负责人:

序号	工作内容	工作人员	负责人	备注	负责人签字
1	表演前工作会议			核对每个任务完成情况及工作中的注意事项,特别注意每人身安全问题和飞行安全问题	
2	差分设备检查并充电			基站、电台、转发、基准站转接线、USB转RS232线、天线、天线转接线1米、一分二连接线、电台天线接线、三脚架、天线专座	
3	电池充电			待充电满电分区发放,确保电池满电	
4	对讲机、头灯、风速仪维护及充电			确保每个对讲机和头灯电量充足并能正常使用	
5	对讲机头灯分发和回收			头灯和对讲机给每个人前先测试设备正常使用	
6	商布预备和确认			确认布正常,且突遇阴雨天气,可快速使用商布处置飞机	
7	地面站网络设备架设			AP架设好,电脑打开刷新查看主机,把有问题和可疑有问题的飞机做隔离剔除	
8	差分基准、差分天线架设			架设站点的位置要仔细检查接线,电池电量是否正常电网线正常充满数据,摆放布置好备用设备检查正常	
9	地面站围栏设备摆放			使用围栏等设备将地面站围蔽,预防外界的干扰	
10					
11					
12	责任到人,检查飞机摆放编号、螺旋桨、天线、电池	剧本编号:		1、检查飞机启动正常,飞机摆放位置和项目负责人要求摆放位置一致 2、飞机奖叶检查、查验电机与安全固定检查、查验无缺损、反转无异常 3、飞机电池卡和紧,与电池仓无明显缝隙	
13					
14					
15					
16	飞手负责人,在飞机异常情况下,负责将飞机救下来	剧本编号:		1、飞机已起足正常,遥控器正常控制到每一架飞机 2、飞机异常情况下,飞手将飞机以安全姿态下来 3、出口以起足姿态方式,遇行飞行违规,人身安全第一,争取挽回公司财产 4、飞机救助全作为项目备考核项	
17					
18					
19	电磁环境检查			确认卫星信号干扰(1575MHZ)、遥控器信号干扰(2.4GHZ)、通信信号干扰(5.8GHZ)、差分信号干扰(861MHZ)飞机摆放复查	
20	GPS定位			每天飞行前20分钟开始录屏、直到飞行结束	
21	现场录像			使用手机等设备对飞行表演全过程进行录像	
22	风速、雨量、雾霾报告			飞行前20分钟开始测风、测雨、可见度等,5-10分钟报告一次	
23	飞手地勤准备			飞手地面站位、摆好起飞设备、飞手再次确认遥控器、地勤再次确认对讲机	
24		差分信号三通道通路检查		差分信号三个方式:1跨站设备 2中继设备 3.ap发射	
25		飞行参数		读取地面站参数,确保飞行参数正常无差别	
26	地面站检查	电子围栏		确保飞机不会因为飞行距离太远而出发电子围栏,第一次测试剧本时需要	
27		集群检查(切码式)		确保飞机摇控器有效控制飞机	
28		航线防碰撞检查		确保飞机不因为摆放错误和距离太远而相撞	
29		集群检查(整锁)		确保飞机不打锁、飞机可以起足正常飞	
30	所有人到达固定位置、等待起飞			地面站位置设置、地面站检查和设置,确保起足(提前30分钟完成)	
31	准备表演结束			地面站检查设置、确保表演准时到时安全检查计录表演过程中的问题,所有人员现场集中,飞手和地勤需时刻观察飞机在空中的动态是否有异常	
32					
33	满点所负责区域的飞机数量			降落后清点所有降落飞机	
34	出征飞机的集中收纳			飞机拆卸电池后有序放回仓库	
35	收纳清点表演电池			清点所有表演电池数量要素做记录	
36	收地面站设备			收地面站设备和降落报告以及表演报告	
37	仓库整理和简短总结会议			仓库整理、会议总结讨论	
38	5S清洁(整理、整顿、清扫、清洁、素养)			飞行场地不遗漏公司财产,注意带走生活垃圾	

备注:表演过程中项目负责人为现场最高指挥官,飞行过程中现场飞服执行人员无条件服从,必须听从项目负责人指令。

①起飞前准备工作完成现场情况满足飞行条件同意飞行　　　　　　　项目负责人签字:

②起飞前因为____原因不满足飞行条件(强制飞行将存在安全事故或验机风险)不同意飞行　　项目负责人签字:

商务经理已经知悉风险,承担飞行任务带来的损失,仍需要飞行(至少飞行前提前15分钟答接完成)　　商务经理签字:

图 14-8　飞行表演放飞单责任检查签字表

15. 少架次边框测试

少架次测试剧本边框,确认剧本设计内容是否正确;少架次确认飞行路线及图案大小，确保飞行安全；少架次飞行确认通信、差分系统是否正常工作；同时也要与航拍进行配合，测试拍摄角度及拍摄高度。

16. 启动正式飞行表演

各负责人在飞行放飞单上签字确认具备飞行条件后，由总指挥进行最后的确认，发布起飞指令，进行正式飞行表演。

正常飞行表演时，地面站对所有飞机的状态进行监控，飞手和地勤时刻关注飞行中的飞机，一旦有紧急情况，应启动应急预案。

正式表演时，对 GPS 信号监测和录屏：每次表演开始后，要求安排一名工程师进行 GPS 信号干扰情况录屏，作为表演的关键数据进行记录。

注意表演中正确的应急处置：一旦发生意外情况，相关飞手手动控制自己管辖的飞机，对故障飞机手动控制返航，对于出现 GPS 信号干扰的情况，地面站操作手与飞手进行熟练配合，进行高度保持和信号恢复工作，最大限度保证飞机的安全降落和观众安全。

17. 表演效果评估

每次飞行表演结束后，都要对表演结果进行如实记录，包含是否准时起飞、图形完美率、故障飞机返航情况等数据，演出报告如图 14－9 所示。

演出报告

日期:	2021年 月 日		表演场次： 场	
天气:	阴			
12小时雨量:	0			
表演时风速:	m/s			
地点				
飞机总数量				
准备飞机数量				
出征飞机数量				
出征失败飞机数量				
飞行意外飞机数量				
中途回程飞机数量				
完成成功表演飞机				
坠地失踪飞机数量				
人员岗位	总指挥官		飞手	
	表演指挥员		地勤	
	地面站操作手		电池管理	
	网络管理		空域报备	
演出意外情况报告:				

飞机问题汇总		问题													
		故障没飞					飞行出问题								具体原因
机位号	飞机编号	失联	GPS	EKF	机械故障	其他问题	出现失联	GPS	EKF	WP	飞手救回	坠地	失踪	灯坏	
总数	0	0	0	0	0	0	0	0	0	0	0	0	0	0	0

图 14－9　演出报告

对于有故障的飞机,需要将问题飞机进行登记并整理成项目反馈表,如图 14 - 10 所示,将 Log 日志发回总部技术中心,供技术中心进行故障诊断。

						项目反馈表		
问题飞机编号	现象描述	电量情况	电机桨叶情况	地面站显示	是否碰撞	飞机log	地面站log	原因
377	起飞到第一个画面报W	正常	正常	报W	否	305.LOG	2020-06-01 18_28_52	SD卡接触不良
387	起飞报EKF	正常	异常	报E	否		2020-06-01 18_28_52	换电机
385		正常	正常	报错	否	2020-06-03 08-47-07-385-900	2020-06-03 18_54_43	测试后没问题后可以用
391		正常	正常	报错	否	2020-06-03 08-45-18-391-1003	2020-06-03 18_54_43	测试后没问题后可以用
431	三架同时报错	正常	正常	报错	否	2020-06-04 08-53-28-431304	2020-06-04 18_58_56	测试后没问题后可以用
434		正常	正常	报EKF	否		2020-06-04 18_58_56	测试后没问题后可以用
417		正常	正常	报错	否	2020-06-04 08-51-39-417400	2020-06-04 18_58_56	测试后没问题后可以用

图 14 - 10　项目反馈表

对于驻场表演,将进行每月的飞行质量汇总统计,典型的如某主题公园的飞行质量月度统计表如图 14 - 11 所示。

某一驻场2021年3月飞行情况汇总

日期	天气	12小时雨量	表演时风速	准备飞机数量	出征飞机数量	出征失败飞机数量	飞行意外飞机数量	中途回程飞机数量	完成表演飞机数量	演出意外情况报告	是否参加演出
2021.3.1	晴	晴	1.19m/s	210	200	0	0	0	200	无	是
2021.3.2	晴	晴	6.91m/s	210	200	0	0	0	200	无	是
2021.3.3	晴	晴	6.55m/s	210	200	0	0	0	200	无	是
2021.3.4	晴	晴	1.25m/s	210	200	0	0	0	200	无	是
2021.3.5	晴	晴	3.93m/s	210	200	0	0	0	200	无	是
2021.3.6	晴	晴	2.35m/s	210	200	0	0	0	200	无	是
2021.3.7	晴	晴	1.13m/s	210	200	0	0	0	200	无	是
2021.3.8	晴	晴	4.97m/s	210	200	0	0	0	200	无	是
2021.3.9	晴	晴	2.81m/s	210	200	0	0	0	200	无	是
2021.3.10	大风	大风	10.24m/s	200	0	0	0	0	0	大风	否
2021.3.11	晴	晴	1.90m/s	210	200	0	0	0	200	无	是
2021.3.12	晴	晴	2.23m/s	210	200	0	0	0	200	无	是
2021.3.13	晴	晴	1.52m/s	210	200	0	0	0	200	无	是
2021.3.14	晴	晴	4.79m/s	210	200	0	0	0	200	无	是
2021.3.15	晴	晴	1.66m/s	210	200	0	0	0	200	无	是
2021.3.16	晴	晴	5.33m/s	210	200	0	1	0	199	返航	是
2021.3.17	晴	晴	2.16m/s	210	200	0	0	0	200	无	是
2021.3.18	晴	晴	2.81m/s	210	200	0	0	0	200	无	是
2021.3.19	晴	晴	2.21m/s	210	200	0	0	0	200	无	是
2021.3.20	晴	晴	1.34m/s	210	200	0	0	0	200	无	是
2021.3.21	大风	大风	12.89m/s	200	0	0	0	0	0	大风	否
2021.3.22	晴	晴	5.91m/s	210	200	0	0	0	200	无	是
2021.3.23	晴	晴	2.81m/s	210	200	0	0	0	200	无	是
2021.3.24	晴	晴	1.62m/s	210	200	0	0	0	200	无	是
2021.3.25	晴	晴	7.20m/s	210	200	0	0	0	200	无	是
2021.3.26	晴	晴	5.10m/s	210	200	0	0	0	200	无	是
2021.3.27	晴	晴	2.14m/s	210	200	0	0	0	200	无	是
2021.3.28	晴	晴	2.57m/s	210	200	0	0	0	200	无	是
2021.3.29	大风	大风	10.63m/s	200	0	0	0	0	0	大风	否
2021.3.30	晴	晴	5.70m/s	210	200	0	0	0	200	无	是
2021.3.31	晴	晴	1.71m/s	210	200	0	0	0	200	无	是

图 14 - 11　飞行质量月度统计表

18. 设备收纳

表演结束后,需要填写表演效果评测分析表,对这次表演的准时率、完美率、可靠性进行统计;同时对设备进行有序分类的收纳、装箱存放,准备装车运输。

第15章 无人机编队飞行表演安全与行业发展

    无人机表演配合其他演艺节目,如无人机与演员、灯光等融合,会产生奇特的视觉效果,直播的同时,也可以在互联网形成二次传播,形成更广泛的宣传效果。

    无人机编队的安全表演是无人机表演常态化的基础,将极大地推动天空数字新媒体在文旅行业、广告行业、政企大型活动和个人高端庆典中的广泛应用,将极大丰富人民的文化娱乐生活,促进经济的创新发展。

    近年来,无人机编队表演呈雨后春笋之势蓬勃发展,但是这个行业在发展过程中,大部分团队和企业缺乏安全意识,近期在各类表演中出现了诸多表演事故或安全事故,如多次不能准时起飞引起观众抱怨、飞机坠落或与建筑物相撞的事故,严重的可能给游客造成人身伤害,因而推出《无人机编队飞行表演安全规范》具有重大的现实意义。无人机编队表演的安全性应当作为无人机编队表演行业发展的前提,《无人机编队飞行表演安全规范》是必须遵守的基本准则;科技与艺术、美与安全的高度融合是无人机编队表演行业的大势所趋,技术的进步和安全规范的引入必将推动这个产业健康发展。

    作为首个在国内进行大型无人机编队表演的团队,深圳大漠大智控技术有限公司在安全管理方面起到了标杆示范作用。深圳大漠大智控技术有限公司以自主研发的全系列产品及飞行表演安全、稳定、不坠机而享誉业界。从成立至今,深圳大漠大智控技术有限公司已经进驻全国超过50家主题公园进行常态化驻场表演,业务覆盖全世界超过60座城市,总计参与执行超过40万架次无人机的表演,为超过1亿观众奉献了至臻至美的无人机编队光影盛宴。2020年,深圳大漠大用3 051架"最多无人机同时飞行"的成绩打破了吉尼斯世界纪录,截至目前创造了连续5 000多场正式表演零失误的行业纪录,得到了业界同行的高度认可。

    在精彩绝伦的背后,既是深圳大漠大智控技术有限公司工程师夜以继日的努力及无数工作人员的相互配合,也是对《无人机编队飞行表演安全规范》严格的遵守和践行。

　　五年时间,深圳大漠大智控技术有限公司始终走在行业的前沿,为观众奉献了至臻至美的表演,获得了广大客户的一致好评,也留下了一系列经典的飞行案例。

　　2019 年 2 月,深圳大漠大智控技术有限公司作为深圳的本土无人机编队企业,以安全、稳定性赢得了承办中央电视台春节联欢晚会深圳分会场无人机编队表演活动的机会。在做好场地勘测、空域申请、艺术设计、保险购买和公安报备的同时,深圳大漠大智控技术有限公司申请了深圳市无线电管理局的协助,在最大程度上保证了活动的安全。最终,在所有人的共同努力下,深圳大漠大智控技术有限公司严格遵守《无人机编队飞行表演安全规范》,为晚会圆满完成了 1 300 架室外灯光无人机编队表演、球型无人机编队表演以及撒花无人机编队表演,如图 15 - 1 所示。

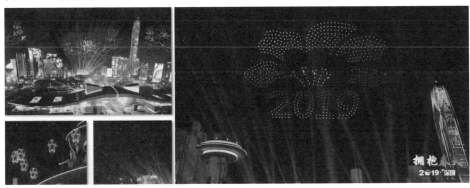

图 15 - 1　2019 年央视春晚深圳分会场无人机表演

　　2019 年 10 月,深圳大漠大智控技术有限公司千架无人机用独特的方式勾勒出新中国 70 年的辉煌成就,变换成各种各样以中国元素为基础的图案,庆祝新中国成立 70 周年。新中国成立 70 周年主题系列无人机飞行表演如图 15 - 2 所示。

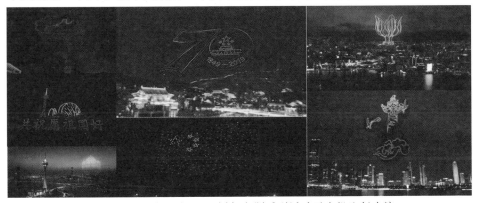

图 15 - 2　新中国成立 70 周年主题系列活动无人机飞行表演

2020 年 1 月,深圳大漠大智控技术有限公司再次承办了 2020 年中央电视台春节联欢晚会粤港澳大湾区分会场的无人机编队表演活动。深圳大漠大智控技术有限公司为晚会奉献了一场 1 500 架室外灯光无人机编队表演。此次表演实现了全球首次大型立体天幕与实景舞台的互动表演,实现了舞台表演与无人机表演的完美配合卡点,在艺术设计和视觉呈现上更上一层楼。2020 年中央电视台春节联欢晚会粤港澳大湾区分会场无人机表演如图 15 - 3 所示。

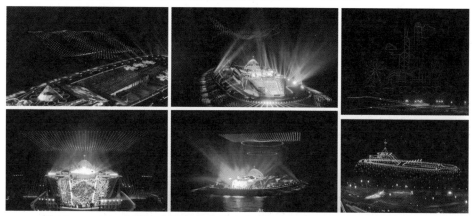

图 15 - 3　2020 年中央电视台春节联欢晚会粤港澳大湾区分会场无人机表演

长期的驻场表演,是对编队飞行表演的安全稳定最大考验,深圳大漠大智控技术有限公司的零失误飞行,在业内树立了很好的标杆。2020 年 5 月,深圳大漠大智控技术有限公司在珠海长隆海洋王国用 1 000 架无人机闪耀星空,开创性的飞出了二维码、立体天幕等图案,令人耳目一新。珠海长隆无人机驻场表演如图 15 - 4 所示。

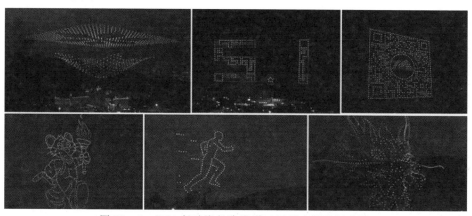

图 15 - 4　2020 年珠海长隆海洋王国无人机驻场表演

2020 年 9 月,伴随着 3 051 架无人机同时升空并点亮珠海的夜晚,"最多无人机同时飞行"吉尼斯世界纪录称号被再次刷新,深圳大漠大智控技术有限公司用 3 051 架无人机同时飞行的成绩打破了原由美国和俄罗斯无人机团队保持的 2 200 架吉尼斯世界纪录。图 15 - 5 为打破吉尼斯世界纪录的无人机飞行表演的精彩瞬间。

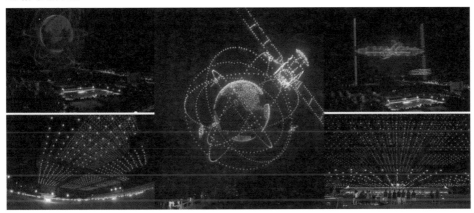

图 15 - 5　2020 年吉尼斯世界纪录无人机表演

2020 年 12 月,深圳大漠大智控技术有限公司以 1 500 架无人机编队参与了《2021 新年音乐会——扬帆远航大湾区》近十个节目的录制,该音乐会融入了许多深圳元素和特色,音乐会选择在深圳市市民中心广场录制,以绚烂的楼宇灯光秀作为背景,舞台与大美城市融为一体,美轮美奂,气势宏大;本次无人机飞行表演,是在深圳市市中心飞行的最大规模的无人机编队表演,1 500 架无人机组成的悬浮天幕彰显粤港澳大湾区的创新活力,大湾区新年音乐会无人机表演如图 15 - 6 所示。

图 15 - 6　2021 年大湾区新年音乐会无人机表演

2020 年 10 月,华为 Mate40 手机震撼上市,深圳大漠大智控技术有限公司用 600 架无人机在夜空中精彩演绎,展示了一场华丽的视觉盛宴。无人机摆出 Mate40 系列全新的"星环设计",以及华为 LOGO、致敬时代、见圳传奇等图案,让华为的品牌形象更加深入人心。华为宣传 Mate40 手机进行的无人机表演如图 15-7 所示。

图 15-7　2020 年华为 Mate40 RS 系列发布会

2020 年 11 月,第六届"中国雪茄之乡"全球推介之旅在什邡拉开了帷幕。深圳大漠大智控技术有限公司无人机编队连续两次参与了这一盛会,什邡上空近千架无人机翩翩起舞,大大的什邡标识跃然于空中,无人机不断展示什邡烟田、雪茄烟叶和雪茄吉祥物,2020 年什邡国际雪茄推介会开幕式的精彩瞬间如图 15-8 所示。

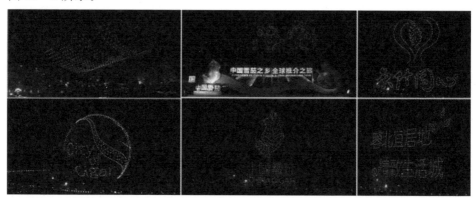

图 15-8　2020 年什邡国际雪茄推介会开幕式无人机飞行表演

2021 年零点,在深圳湾春茧体育中心海之门,上演了一场跨年无人机表演,该表演也登上了浙江卫视跨年晚会。新年钟声敲响之际,主持人向全球电视观众隆重推介"世界无人机之都"深圳市南山区,烟花绽放过后,无人机编队变化定格成今年的新年"金句":"每个人都了不起!"浙江卫视《美好有你》跨年晚会无人机表演如图 15-9 所示。

图 15-9　浙江卫视《美好有你》跨年晚会无人机表演

2021 年 1 月,1 000 架无人机在深圳湾组成的"大蓝鲸"照亮夜空,为《江苏卫视 2021 跨年演唱会》带来"鲸"喜官宣。本次无人机编队灯光秀由"鲸跃龙门""惊喜扭蛋""点亮幸福"三个章节组成,千架无人机组成的"用奋斗点亮幸福"7个大字出现在夜空中,既呼应了江苏卫视 2021 跨年演唱会的主题,也象征着艺术与科技的破次元碰撞,在跨年前夕留下了浓墨重彩的一笔,江苏卫视 2021 跨年演唱会无人机表演如图 15-10 所示。

图 15-10　江苏卫视 2021 跨年演唱会无人机表演

附录　深圳大漠大室外编队飞行灯光秀产品介绍

1. 室外编队无人机(DMD－D400W V1.1)

尺寸(L×W×H)	415.5 mm×415.5 mm×185 mm
桨(airscrew)	9″(自紧桨)
质量(weight)	1 100 g
最大通信范围(maximum communication range)	500 m
表演最大风速(maximum wind speed)	4 级
正常表演速度(normal performance speed)	5 m/s
最小表演间距(minimum performing spacing)	2.0 m
编队表演时间(show time)	13 min
单机悬停续航时间(hover endurance)	20 min
LED 灯光(LED light)	12 W
LED 色彩(LED color)	RGB 色彩模式 (Red Green Blue color mode,RGB)
定位方式(location system)	GPS＋RTK
工作环境温度(working temperature)	－5～45℃
控制效果(wontrol effect)	3D 地图界面,远程飞机监控
安全控制技术(safety control technology)	电子围栏,护航飞手模式
防水性能(IP＊)(waterproof performance)	IP43

2. 室外编队无人机(DMD - D400W V2. 2)

尺寸($L×W×H$)	415.5 mm×415.5 mm×109.5 mm
桨(airscrew)	8″(可快拆)
质量(weight)	725 g
最大通信范围(maximum communication range)	500 m
表演最大风速(maximum wind speed)	4 级
正常表演速度(normal performance speed)	8 m/s
最小表演间距(minimum Performing spacing)	1.5 m
编队表演时间(show time)	18 min
单机悬停续航时间(hover endurance)	26 min
LED 灯光(LED light)	16 W
LED 色彩(LED color)	RGBW 全色域
定位方式(location system)	GPS+BDS & RTK
工作环境温度(working temperature)	−5～45℃
控制效果(control effect)	3D 地图界面,远程飞机监控
安全控制技术(safety control technology)	电子围栏,护航飞手模式
防水性能(IP ＊)(waterproof performance)	IP43

参 考 文 献

[1] 杨金才,庞伟,刘立峰.2015—2016 中国无人机行业发展报告[R].深圳:中国公共安全杂志社,2016.

[2] IATA.2019 年航空运输安全报告[R].加拿大:国际航空运输协会(IATA),2019.

[3] IATA.2020 年航空运输安全报告[R].加拿大:国际航空运输协会(IATA),2020.

[4] 宋建堂.无人机法律法规与安全飞行[M].北京:机械工业出版社,2019.

[5] 维斯瓦纳斯.无线通信基础[M].李锵,等译.北京:人民邮电出版社,2009.

[6] 谢辉.无人机应用基础[M].西安:西北工业大学出版社,2019.

[7] 王新民,王晓燕,肖堃.无人机编队飞行技术[M].西安:西北工业大学出版社,2015.

[8] 丁文锐,黄文乾.无人机数据链抗干扰技术发展综述[J].电子技术应用,2016,42(10):6-10.

[9] 孙毅.无人机驾驶员航空知识手册[M].北京:中国民航出版社,2014.

[10] 符长青,曹兵.多旋翼无人机技术基础[M].北京:清华大学出版社,2017.

[11] 王建平,余根坚,李晓颖,等.无线网络技术[M].北京:清华大学出版社,2013.

[12] 章澄昌.飞行气象学[M].北京:气象出版社,2008.

[13] 谢绍斌.频谱管理与监测[M].北京:电子工业出版社,2017.